南方重点地区煤层气评价

陈朝玉　著

西北工業大學出版社

西　安

【内容简介】 本书系统研究黔西盘江地区上二叠统、江西萍乡矿区上三叠统煤层气赋存的地质特征、主要煤层发育与展布特征、煤层含气性的分布特征及其控制因素、煤储层物性特征及其地质控制，耦合分析了煤层气成藏关键要素和成藏效应；采用容积法计算了煤层气资源量和资源丰度，在此基础上圈定了煤层气勘探开发的有利区块，为区内煤层气的进一步勘探与开发提供了翔实的资料。

本书可作为于煤层气地质科研人员、勘查开发工程技术人员、煤层气勘查开发企业的决策人员和研究生的参考用书。

图书在版编目（CIP）数据

南方重点地区煤层气评价. 陈朝玉著. —西安：西北工业大学出版社，2020. 3

ISBN 978-7-5612-7026-4

Ⅰ. ①南… Ⅱ. ①陈… Ⅲ. ①煤层—地下气化煤气—资源评价—南方地区 Ⅳ. ①P618. 110. 62

中国版本图书馆 CIP 数据核字（2020）第 046798 号

NANFANG ZHONGDIAN DIQU MEICENGQI PINGJIA

南 方 重 点 地 区 煤 层 气 评 价

责任编辑：孙 倩　　**策划编辑**：付高明

责任校对：张 潼　　**装帧设计**：尤 岛

出版发行：西北工业大学出版社

通信地址：西安市友谊西路 127 号　　邮编：710072

电　　话：（029）88491757，88493844

网　　址：www. nwpup. com

印 刷 者：北京虎彩文化传播有限公司

开　　本：787 mm×1 092 mm　　1/16

印　　张：8

字　　数：147 千字

版　　次：2020 年 3 月第 1 版　　2020 年 3 月第 1 次印刷

定　　价：38. 00 元

前　言

本书针对黔西北晚二叠世龙潭组含煤岩系进行研究，在利用黔西北丰富的测井、岩芯数据等资料的基础上，结合沉积学及高分辨层序地层学基本理论对黔西北晚二叠世含煤岩系进行深入剖析，并建立起黔西北晚二叠世龙潭沟含煤岩系的等时层序地层格架，最后在等时地层格架下探讨黔西北晚二叠世的聚煤模式，认为黔西北聚煤受控于陆地旋转与海平面升降叠加引起的聚煤环境的非均一性变化。

（1）依据黔西北晚二叠世含煤岩系岩芯和测井曲线所反映出来的沉积旋回性特点，对黔西北晚二叠世含煤岩系共识别出 3 个三级复合层序。从重点钻孔剖面的解析及等时层序地层格架下的连井沉积相所反映出研究区的沉积环境及其在垂向上组合特征的综合分析中，归纳出研究区东部复合层序Ⅰ主要为碳酸盐台地沉积，以西为障壁潟湖、上三角洲沉积组合。复合层序Ⅱ在研究区东部继续发育碳酸岩盐沉积，以西则发育下三角洲沉积。复合层序Ⅲ在研究区以东碳酸盐岩沉积范围扩大，以西的障壁-潟湖的沉积范围缩小，而发育局限朝下沉积。

（2）黔西北晚二叠世沉积环境主要为滨外碳酸盐台地沉积体系、障壁型碎屑岸线沉积体系、三角洲沉积体系及曲流河-湖泊沉积体系。其富煤带的形成与分布直接受控于古地理环境，富煤带与三角洲沉积组合关系最为密切。其次为障壁型碎屑岸线沉积组合。

（3）研究黔西北晚二叠世含煤岩系的形成经历了龙潭期—长兴期持续海进的过程。总体来说，在复合层序Ⅰ沉积阶段，聚煤中心在南部水城一带；在复合层序Ⅱ沉积阶段，聚煤中心则沿北东方向北迁移至金沙仁怀；在复合层序Ⅲ沉积阶段，由于陆地顺时针方向的旋转下切幅度偏大，研究区金沙、仁怀和桐梓等地区为碳酸岩盐台地沉积环境，使得聚煤中心发生向南的回迁。

（4）聚煤环境的变迁及聚煤中心迁移的动力机制，在很大程度上认为与研究区陆地在晚二叠世发生的顺时针方向的旋转运动叠加相对海平面的变化引起的可容纳空间的非均一性变化有关，并在旋转旋回沉积的作用下发生聚煤中心的逆时针方向的迁移。旋转旋回沉积也能较好解释邵龙义教授提出的幕式聚煤中一次聚煤可以横跨不同的相区甚至不同的聚煤盆地的聚煤模式。

写作本书曾阅了相关文献资料，在此，谨向其作者深致谢意。

由于水平有限，书中难免有不足之处，恳请读者批评指正。

编　者

2019 年 10 月

目　　录

第1章 引 言

1.1 本书选题依据及意义

能源是国民经济和社会发展不可缺少的生产要素和物质基础，当前，我国的能源发展正面临十分严峻的形势和挑战。随着国民经济持续快速发展，对能源的需求量日益增大，供求矛盾将愈发突出。我国是一个缺油少气富煤的国家，煤炭是主要能源，已探明的煤炭储量占一次能源的90%以上，生产的煤炭占一次能源70%以上。据预测，到2020年，国内煤炭需求量将达到28亿t，占一次能源消费的比重为63%，即使到2050年煤炭仍将占50%以上。由此可见，我国以煤为主的能源结构在未来相当长时期内不会改变，煤炭仍将是主要能源。

整体来说，我国煤炭资源分布很不均衡，呈现北富南贫的特点：90.3%的已发现煤炭资源分布在秦岭—大别山一线以北的北方地区，而南方则不足10%。因此，出现了“北煤南运”的局面，增加了煤炭的运输成本，降低了经济效益。更重要的是，随着经济的发展，东部沿海地区以及内陆一些大城市煤炭需求越来越多，很可能出现煤炭资源紧张的局面。贵州在南方煤炭资源占有十分重要的地位，无论是满足本省的能源需求，还是向省外供应煤炭需求都具有举足轻重的作用。再者贵州煤炭资源主要集中在黔西北地区，黔西北龙潭组是其最主要的含煤地层，蕴藏着较丰富的煤炭资源。然而，随着国家工业的发展，煤炭的需求量将越来越大，而针对煤炭需求量的不断增加与已探明的煤炭资源的日益减少，对黔西北龙潭组主采煤层含煤岩系的高分辨率层序地层的精细研究，探究含煤岩系的成煤环境，寻找其聚煤规律……。煤炭在利用过程中煤中有害物质对环境的危害日益突出，探究新的优质煤炭资源的分布规律为开发优质煤炭资源提供科学依据就显得十分重要了。

黔西北龙潭组含煤岩系成煤古地理环境复杂，从海陆过渡相到陆相均有发育，煤层厚度、煤质横向变化较大，据煤质聚煤理论认为：海相成煤环境煤硫的含量比陆相成煤环境煤的硫含量要高，而海陆过渡相成煤环境硫含量次之。如研究区内部分地区煤层形成时受浅层海水影响较大，煤中硫含量较高，属中高硫煤，而黔西北龙潭组的聚煤主要为海陆过渡相，其成煤环境复杂，若不对黔西北龙潭组的聚煤环境相区进行准确的划分，勘探开发利用优质煤则受到了较大限制，若不加区别地利用这些煤炭资源则会对环境造成更大的危害。煤层厚度横向变化较大就为区内煤炭资源开发利用的勘探工作提出了更高的要求，无疑增加了开采难度。更重要的是，以往的研究结果均表明，煤层厚度突变带以及煤层倾角的急剧变化带，往往是煤炭开采过程中瓦斯突出易发点。而煤层厚度突变带及煤层倾角的突变带往往预示着先期成煤环境的急剧变化，聚煤古地理环境的变化往往影响着聚煤煤层的厚度及媒质。煤层厚度、煤质横向变化大的客观现实均为勘探开发利用这些煤炭资源的不利因素。笔者在对所研究的层位进行精细的层序地层分析的基础上，进行层序对比，建立等时地层格架，并在上述基础上系统编制不同层序内的各体系域或有关界面沉积时的古地理图。这对研究区内所编制的层序-岩相古地理图具有重要的理论和现实意义，因为具备了对研究区含煤地层的高分辨率层序地层的精细划分，划分的地层单元表现出更具有小期时的等时性、成因上的空间展布上的连续性和实用性，能更好地反映研究区在统一地质作用场中的各种地质信息和综合效应；可以揭示出一些新的地质现象（田景春，2004）。因此，运用高分辨率层序地层学结合煤地球化学等学科的理论，探究黔西北龙潭组深部优质煤炭资源的分布规律，对于覆盖区相带展布及变化具更合理的预测性。为开发利用黔西北晚二叠世龙潭组优质煤炭资源提供科学依据就显得越来越重要了。这样不仅可以为贵州经济和社会发展提供充足的优质煤炭供给，而且可以向邻近省份输送煤炭资源，发展贵州经济提供有效的帮助，且又能有效控制煤中的有害组分（如硫）在煤炭利用过程中对环境的危害。

本书以国家重点基础研究发展计划（2006CB202202）；起止年限：2010 年 1 月—2013 年 12 月；贵州地矿局地质科研资助项目（2009409），黔西北龙潭组高分辨率层序地层与优质聚煤模式研究贵州省地矿局科研项目、起止年限：2010 年 1 月—2012 年 12 月为依托，以适合于海陆过渡相地层层序分析的高分辨率层序地层学理论及其技术方法与沉积学相结合，详尽收集勘探区的钻井及测井资料，解剖勘探区的具有代表性的地层剖面，对黔西北水城煤区、六盘水煤区、织纳煤区、毕节煤区和仁怀煤区的海陆过渡相的三角洲体系进行高分辨率层序地层学综合研究，恢复旋回中期海陆过渡相沉积背景下的岩相古地理，并建立起不同古地理背景的高分辨率层序地层等时格架；通过盆地构造—层序充填—沉积体系—聚煤规律的系统分析，研究不同层序、不同体系域的泥炭沼泽类型及成煤可容空间变化规律，分析煤厚变化规律及其原因；通过对典型剖面、代表性的勘探钻孔重点煤层的煤岩组分及有害元素组成的研究，分析煤相及煤厚变化规律及其原因，结合灰岩厚度变化规律及煤厚变化规律分析研究区在晚二叠世的聚煤中心迁移规律的沉积环境条件。最终提出高分辨率层序地层等时格架下受可容空间变化速率及泥炭聚集速率控制的厚煤层分布模式以及煤质变化规律。恢复含煤岩系沉积环境及古地理格局，建立研究区的区域沉积模式及成煤模式，以及聚煤中心的迁移受控于陆地旋转的旋回沉积机制。

1.2 层序地层学研究现状

1.2.1 层序地层学发展历程

“层序”概念的提出（Sloss，1948），大体与地层学差不多同时，只是近20年来层序地层学才作为地层学的一门新兴边缘交叉学科而得到长足发展。以层序地层学在勘探开发中的应用为标准探究其发展轨迹，大致可以分为三个阶段，即层序地层学的萌芽阶段、层序地层学的发展阶段和层序地层学的成熟阶段。

1. 概念萌芽阶段（1948—1977年）——层序概念及模型建立阶段

该阶段建立起了该门学科与其他学科结合发展的雏形，其中以年代地层学、生物地层学、动力地貌学、岩石地层学为依据建立的层序。标志性的以Krumbein Sloss和Dapples（1948）提出的地层层序概念为特征。Sloss等人认为层序地层中的层序是比“比群、大群或超群更高一级的地层单元，在陆地的很多地区是可以追索的，而且是以区域的不整合面为标志界面”。由于当时科学技术条件的局限，Sloss提出的层序单位所代表的时间跨度太大，不能满足详细分层对比和生产实际的需要，故未能在地质理论界及生产实践中得到推广提升。即使这样，Sloss 等人当时倡导的层序概念仍然为当今的层序地层学的发展提供了概念基础及理论模型。

2. 发展阶段（1977—1988 年）——地震地层学发展阶段

随着地震技术应用于地层高分辨的勘探与处理而发展了层序地层学，其中是以 Vail（1977）等人合著的《地震地层学》的出版为标志。海平面的变化控制了地层层序的发育，而地震地层学刚好提出了全球海平面变化具有相对一致性。这个理论运用到勘探领域，已能在三级以上的层序级别中或盆地规模上应用测井资料、地震资料及钻井和预测确定盆地区域范围内的地层结构、沉积相类型及沉积相的区域分布，这在层序地层学的发展史上已属一次质的飞跃。但这一阶段在生产中还不能应用到目标勘探区上。

3. 成熟阶段（1988— ）——层序地层学的综合发展阶段

层序地层学的成熟阶段是以 Vail（1988）等人编著的《海平面变化综合分析》以及 Sangree，Wagoner 和 Mitchum 等人的高级层序地层学文献的问世为标志。在这些理论背景下层序地层学逐步建立起了层序地层的理论体系以及在等时地层格架下不同沉积环境下的地层层序在纵向上的叠置样式及横向上的地层分布。早期，随着可容纳空间概念的提出，层序地层学的理论和方法便逐渐趋于成熟，在勘探实践中已经具有实用性。在这个阶段已在生产和科研中可直接运用露头剖面、测井、岩芯资料单独或者综合进行层序地层的分析，运用该理论既可以在较大规模上服务勘探，也可以在较小的油藏、盆地成煤规律上进行地层对比、分析和有利勘探区的预测。

20 世纪 90 年代，层序地层学在理论层面上出现了诸如 Cross 的高分辨率层序地层学、Galloway 的成因地层学及旋回地层学等学派；层序地层学开始以研究全球海平面升降为基础的海相沉积，后来逐渐扩展到非海相沉积。诸如海陆交互相沉积，陆相沉积。在含煤岩系的沉积到煤层的分布规律都运用到了层序地层学的理论、方法和研究成果。Cross 等（1987）认为“层序地层学是地质学领域不亚于板块学说的一场革命”，并认为它是“把地质学从定性转变为定量科学的推动力”；Vail 则宣称层序地层学“可能是地质学领域的一次革命，层序地层学开创人类了解地球历史的一个全新阶段”。

层序地层学在地质学领域能获得如此高的评价，而且在地质勘探开发领域也产生了很好的实效，其原因是在于层序地层学理论建构基础的科学性、预测性和定量性，尤其是理论模式的系统性，具体有以下几方面的原因。

（1）层序地层学理论建构的基点是以地层层序的形成受控于全球海平面的升降旋回，地质构造的升降、古气候、沉积环境及沉积物的供给等因素，层序地层在沉积过程中表现出不同的级别、规模、沉积速度和不同的时间间隔。显然层序地层学的观点启发了地学工作者把地球当成一个物质与能量的交换都视作是在一个系统中进行。因而受到地学工作者的重视和支持而具有了顽强的生命力。

（2）首次提出了全球统一的成因地层划分方案。层序地层学通过对控制地质动力引起的地层升降、古气候的变化引起的全球海平面的变化，从而引起沉积环境及沉积物源的变化的综合分析，认为全球相对海平面变化控制沉积地层的形成及发育的理论基点，提出了层序内部和层序之间在沉积成因上的差异性和联系性，把地层学中长期比较混乱使用的年代地层、岩石地层和生物地层单元命名现象得到了较好的统一，为地学领域科学准确的地层划分等时地层及地层的对比提供了一个有可能进行全球统一的地层学观点。

（3）建立等时地层格架分布，提高了地学领域的预测力。层序地层比较经典的概念提法是以不整合面或与之相对应的整合面为其识别边界的，在成因上有联系的一套地层。这套地层是在一个相对海平面升降变化的周期中沉积而成的，一个完整的层序地层应是包括了低位体系域、海进体系域和高位体系域，每个体系域在每个层序中都具有特定的几何形态、相邻相的组合以及平面上的展布方式，从而提高了地层工作者在进行地层对比和沉积相分布的预测能力。

（4）层序地层学把定性的地质科学向定量化的推进起到了很好的助推作用，运用层序地层学的方法研究地层使地质工作者能够更充分地了解地层形成的时空匹配特征。使地质工作者能够根据需要较定量化地进行地层划分、相带展布、古地理环境恢复以及构造发育等。

1.2.2　高分辨率层序地层学研究现状

20世纪90年代初期，以美国科罗拉多矿业学院的Cross教授为代表的成因地层研究组运用基准面（假想的势能面）的变化引起沉积物聚集的可容纳空间变化的理论和地质过程原理，将基准面变化过程中导致的可容纳空间变化与沉积物供应过程-响应特征密切结合起来研究，从而形成高分辨率层序地层学。其理论与方法不仅可以提高地层界面研究的准确性与层次性，而且由于它是以基准面作为时间地层单元划分的参考面，不同于经典层序地层学的理论基点是建立在海平面对层序形成发育的控制，因而高分辨率层序地层学不仅可应用于海相层序地层研究，还可应用于海陆过渡相及陆相沉积地层研究中，展现出无可比拟的地层研究优势。通俗地说，高分辨率层序地层学实际上是指地层分辨率高于地震地层分辨率的地层学，其研究方法是以岩芯、测井、三维露头和高分辨率地震反射剖面为基础资料，运用精细层序划分，建立起研究区的高分辨率等时地层格架。这里所谓的“高分辨率”，是指对不同级次地层基准面旋回进行划分和等时地层对比的高精度时间分辨率，也即高分辨率的时间域上的地层单元。因研究地层在垂向分辨率上的增加，而提高了地层预测精度与准确性，并能为地层内流体流动最佳模拟提供可靠的岩石物理模型。由此，高分辨率层序地层学提出后，立即得到理论界及生产界有识人士的高度重视。T A Cross，1993 年的“Applications of high-resolution sequence stratigraphy to reservoiranalysis”及 1994 年的“High-resolution stratigraphic correlation from the perspective of base-level cycles and sediment accommodation”两篇论文相继发表之后，高分辨率层序地层理论才逐渐被众多的国际大型石油公司所重视，而且也在生产实际中取得了显著的勘探开发效果。特别是对盆底扇、下切水道充填等砂体的预测和隐蔽油气藏勘探中获得成功应用。在中国，自 1995 年中国地质大学邓宏文教授将高分辨率层序地层学理论引入到国内以来，高分辨率层序地层学在中国沉积地质学研究中得到迅速推广和应用，目前已广泛应用于我国复杂多变的陆相及海陆交互相的沉积盆地的层序地层分析中，应用范围涉及沉积矿产勘探开发的整个过程。该理论对于分析高频构造运动、古气候变迁强烈、可容空间和沉积物供给速率的变化（A/S）大的海陆过渡相及陆相沉积盆地有较好的适用性。在理论探讨方面，自从该理论引入我国后，国内学者进行了多方面应用探讨，从油气勘探评价阶段地层格架到含煤岩系的高分辨率层序地层格架的建立等方面，高分辨率层序地层学理论正在发挥越来越重要的作用。经过国内众多学者的近 20 年的研究探索，高分辨率层序地层学在理论创新、煤层分布预测、油气田勘探开发应用领域以及其他应用领域均取得了较好的成果。目前，国内高分辨率层序地层学理论在沉积矿产勘探与开发中的应用研究主要分为两大派别，一派是以邓宏文教授、樊太亮教授为代表，强调相序与相组合的变化。相序与相组合的变化是指 A/S 值增大或减小趋势的一组属性，相邻环境地理位置的迁移或同一环境内地貌要素的改变形成垂向相序（邓宏文，2002）（见图 1-1）。

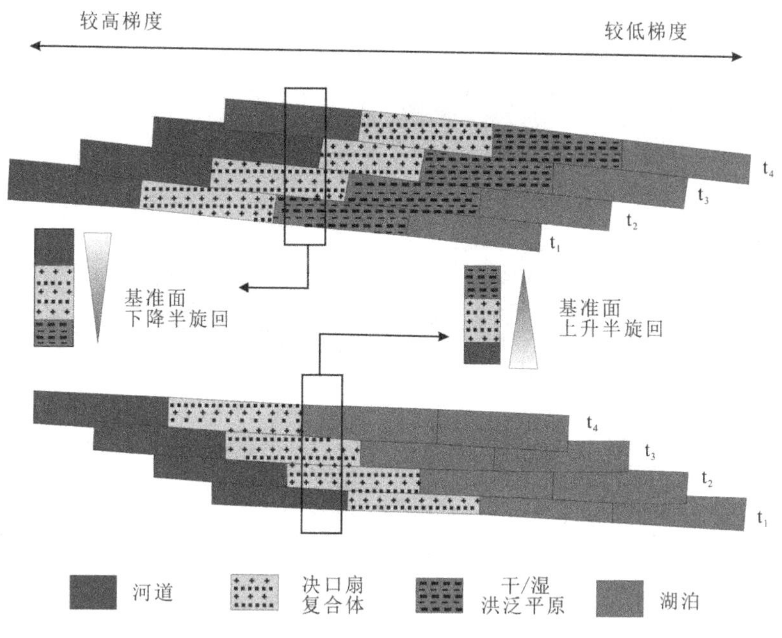

图 1-1　基准面升降期间相邻环境迁移导致不同的垂向相序

如随时间发生的沉积相向盆空间迁移变为沉积相向陆空间迁移，且在不同位置表现为不同的相序和相组合，但其共同特点是，相迁移方向发生改变，且改变的位置具等时性、方向具同向性。其在垂向上表现为，相序或相组合变化，即由向上水体变浅的相序或相组合向水体变深的相序或相组合的转换点。并认为较长期基准面旋回是完全可以通过短期旋回的叠加样式与测井响应结合起来分析的。组成较长期旋回的短期旋回特定的叠加样式是在较长期基准面旋回上升与下降中向其幅度最大（或最小）可容纳空间单向移动的结果，这些叠加样式常常有鲜明的测井响应（见图 1-2），在生产实践中，把高分辨率层序地层学应用于地质领域的精细勘探方面，探讨高分辨率层序地层学理论在陆相沉积地层中各体系中的应用效果，并用于油气勘探，在高精度等时地层格架内实现油气区块的精细勘探。另一派是以郑荣才教授等为代表，侧重于地层-过程响应原理研究，探讨陆相盆地基准面旋回成因界面类型和级次基准面旋回的结构叠加样式与沉积动力学的关系进行归纳和总结，从成因机理上解释了层序结构、层序叠加样式与可容纳空间/沉积物补给通量比值（A/S）变化、基准面升降幅度及沉积动力学条件的相互关系。

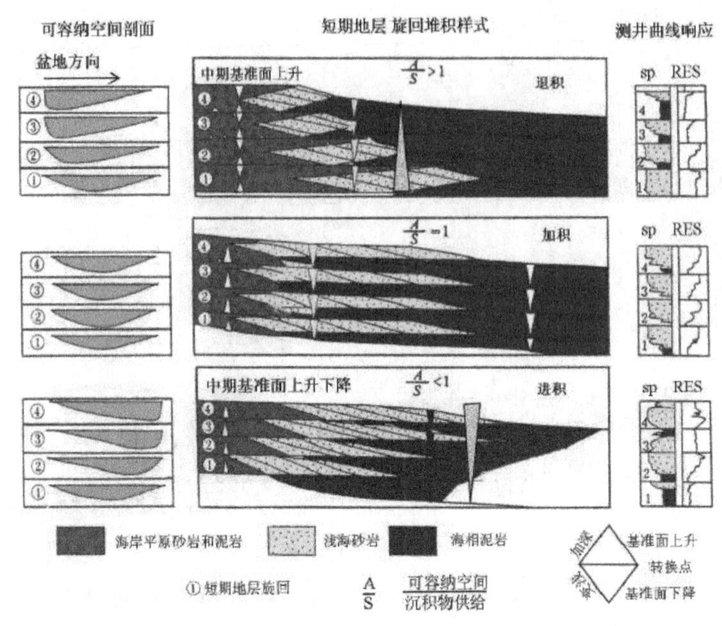

图 1-2　短期旋回的叠加样式及其测井响应

1.2.3　含煤岩系层序地层学研究状况

回顾含煤岩系沉积学的研究历程，含煤岩系沉积学的发展经历了“旋回层阶段”和“三角洲迁移模式阶段”（Rahmani 等，1984；陈钟惠，1988；Riegel，1992；张鹏飞等，1993）。明确提出海侵-海退旋回是造成北美上石炭统含煤岩系中岩性单元规律性重复现象的原因之后。随后，Weller（1930），Wanless 和 Weller（1932）及 Wanless 和 Shepand（1936）经过大量的实例认为旋回性在横向上的连续性是广泛的；在具体的地层对比上的实用价值也是很大的，由此正式提出“旋回层”（cyclothem），并认为是地壳运动引起的海侵-海退。在南斯拉夫天文学家米兰科维奇提出地球轨道参数变化周期后，Weller 等受到启发进一步认识到轨道参数变化引起了“含煤旋回层”现象，地球轨道参数变化引起全球海平面变化进而引起全球含煤旋回层的产生，从此含煤岩系“旋回层”研究的新时代由这个理论基点而产生。即使在后有许多学者发现，含煤岩系旋回中的沉积单元构成与 Weller（1930）及 Wanless 和 Weller（1932）当初的“理想旋回层”之间有许多差异，并发现这些差异主要是构造背景及沉积环境的区域性差异造成的。但是，Weller（1930）的旋回概念一直影响着含煤岩系沉积学的研究。

自20世纪90年代初从石油地质领域引进层序地层学的理论和方法以来，世界煤地质学家纷纷在原有的成因地层学研究成果的基础上，对含煤盆地的地层格架、含煤特征、成煤环境和煤层分布规律等进行重新分析。通过几年的深入研究，已取得了许多新的认识；并根据中国的特点着重发展了陆相层序地层学，提出了一些新的层序地层单元的划分和判别准则（谢晓东，2004）。煤和含煤岩系沉积学研究总体上讲经历了三个主要的阶段，分别是旋回层、三角洲模式及现在的层序地层学阶段。自从邓宏文引进高分辨率层序地层学，我国学者针对含煤系层序地层分析的方法原理进行了大量实例研究，对聚煤模式也有了更进一步的认识，我国学者在含煤岩系的研究中注意到大部分厚煤层横跨不同相区甚至不同的聚煤盆地，从而提出幕式聚煤作用模式，亦说明煤层的聚集与特定的陆源碎屑供给并无直接联系，同时也强调一次聚煤作用幕的同时性（邵龙义、张鹏飞，1992）。基准面的抬升增加了泥炭聚集的可容空间，同时也可以降低河流梯度，使携带陆源碎屑沉积物的河流退到先期成煤沼泽之外。也有学者进一步将突发型海侵引申到聚煤作用，提出海侵事件成煤（李增学，2000）。国际上，目前基于欧洲北部地区的宾夕法尼亚纪及侏罗纪澳洲东部的二叠纪、北美西部白垩纪、对北美东部的阿巴拉契亚地区的宾夕法尼亚纪等研究，许多地质学家都已认识到大多数大面积分布的厚煤层常常出现在最大海侵点处或其附近，这样使得厚煤层作为划分层序界面的标志。20世纪80年代以来，国内学者对我国广大地区含煤岩系从晚古生代、中生代到新生代进行了岩相古地理、聚煤环境及聚煤规律的研究，在此基础上还对聚煤环境进行了比较沉积学研究，总结了我国广大区域含煤岩系的聚煤模式。其研究成果对认识中国广大区域的含煤岩系的等时层序地层格架及沉积环境起到了指导作用。基准面的抬升不但可以降低河流水力梯度，也可以增加泥炭聚集的可容纳空间，从而使河流携带的陆源碎屑退至泥炭沼泽之外。很多煤田地质学家研究发现，全新世冰期后海平面上升到佛罗里达陆棚上之后，碳酸岩盐并没有马上沉积下来，而是在数千年之后才沉积下来（Schlager，1981；Read，et al. 1986；Harris，1993）。同时我国学者也提出了能够解释我国晚古生代大部分以石灰岩为煤层顶板的含煤旋回层成因的“海相滞后时段聚煤”的思想，邵龙义等（2003）提出“海相滞后时段聚煤”思想，并解释为煤层形成于海平面上升过程中的“碳酸盐岩沉积滞后时段”中，滞后时段具体指海平面上升至碳素岩盐台地之上到碳刷岩盐开始沉积之间的一段时间，大约需要数千年或者更长的时间。聚煤环境及聚煤规律上升到一个比较精细定量的研究是在高分辨率层序地层学的理论结合现代的勘探科学技术运用到含煤岩系的研究之后，对于聚煤模式及聚煤规律的研究经历了 Van Wagoner（1990）的低位体系域聚煤模式；Diessel（1992）等大多数学者则强调海侵和高位体系域聚煤模式；从地层层序的结构特点分析出发，认为海侵体系域有利成煤（李宝芳，等，1999）；还有海侵事件成煤观点（李增学，等，2002）。国外学者 Suter（1997）提出煤层厚度取决于基准面变化引起的可容空间增长速率与泥炭堆积速率的相对平衡状态，过慢或过快的海平面上升速率，都难以形成厚煤层。与泥炭堆积速度相匹配的海平面上升速率，才有可能使可容空间增加速率与泥炭堆积速率达到相对平衡，只有两者增加的速率相匹配泥炭才可能持续堆积，在其他辅助地质条件相匹配的情况下从而形成巨厚煤层。从基准面升降的角度分析，对厚煤层的展布区分了靠陆一侧和靠海一侧的差异（邵龙义，等，2003）。认为泥炭堆积速率和可容空间增加速率之比主控厚煤层的展布：最大海泛面附近往往是滨海平原靠陆一侧以河流地质作用为主的厚煤层的形成环境；而海侵面附近则是滨海平原靠海一侧厚煤层形成的有利环境，黔东南及桂中晚二叠世含煤岩系在我国是一个较具特色的含煤岩系类型，研究发现，广西合山煤田主采煤层底板是一碳素岩盐型的古喀斯特界面，煤层是在碳酸盐台地变浅暴露重新淹没过程中聚积的，对此煤田地质学家已经提出 3 种聚煤模式，即台内滩丘变浅、台地总体变浅以及台地边缘浅滩变浅成煤等(邵龙义，等，1998)。总的来说，我国煤和含煤岩系沉积学还需继续深入研究，在理论方法上，目前最多的是利用高分辨率层序地层学的理论和分析方法建立起精细的更具预测力的聚煤模式。其次，含煤系根土岩的在地化方面的研究还有待加强，今后可以把含煤岩系的根土岩的地化及物性特征及根土岩层的识别方法加强起来。此外，煤因作为资源以及在利用过程中不可避免会对环境造成污染，如何减少煤的利用上游环节对环境的影响受到地质学家的高度重视。这样，煤沉积环境将更加受到关注，并且将会成为煤的一种重要的地质特征而得到深入的研究，例如，英国学者目前重视从煤层的碳同位素组成角度研究成煤期间的米兰柯维奇旋回等。最后，煤是有机组分和无机组分混合而成的，所以应重视煤中矿物成分及其与有机组分和煤阶的关系等（邵龙义，2003）。另外，部分学者认识到，含煤盆地充填沉积和盆地演化的控制因素具多样性。因此，层序形成的主控因素也不是唯一的、不变的，视盆地性质而异。煤层在含煤地层层序划分中具有重要意，以体系域或高分辨率层序作为含煤盆地的岩相古地理编图单位，已是高分辨率层序地层进行高精度岩相古地理编图的基础（李增学，2001）。

成煤环境有着特殊的地质营力背景，以河流为主的海陆过渡相的三角洲沉积体系地层是最重要的含煤岩系地层。20 世纪 90 年代以来，随着层序地层学思想在地学界的广为传播，越来越多的煤田地质学家在对煤系地层的研究中已经发现河道决口扇、海陆过渡相的三角洲迁移是在河流自身的地质动力机制下引起的自旋回，一般能解释那些与理想旋回层不相符合的局部变化，对整个盆地范围甚至全球性分布的含煤岩系的沉积特征或者说旋回地层的成因则不能用它来解释。高分辨率层序地层学的出现开辟了含煤岩系研究的新篇章。其解释含煤岩系地质现象的范围更加广泛。把旋回地层学与高分辨率层序地层学相结合，建立起等时层序地层格架、通过高分辨率层序所反映的基准面变化规律等，可为含煤岩系地层成因年代、沉积旋回性及盆地沉积演化特征等研究提供可靠依据，进而发展聚煤规律理论。大面积连续性展布的厚煤层作为含煤岩系中的一个等时面而形成于基准面抬升过程的观点已经成为许多煤田地质学家的共识，即海侵过程成煤，而煤层底板的根土岩则为基准面低位期因基准面下降导致基底暴露而风化作用加强形成的古土壤层，根土岩的标志反应沉积过程的沉积间断性。同时还发现，最大海泛面附近常常大面积分布着厚煤层出现的有利位置，这主要是因为厚泥炭层的堆积需要有持续增长的可容空间以容纳快速持续堆积的泥炭，而适合成厚煤层的最大可容空间的持续增长需要有潜水面的持续稳定的抬升，而基准面的抬升引起潜水面的抬升，基准面的抬升产生了利于泥炭堆积环境的潜水面的抬升。潜水面的抬升产生较大范围的泥炭沼泽地。因此，一般认为大区域性分布的厚煤层一般都形成于最大海泛期附近。大面积展布的煤层可能形成于海平面上升过程，即海侵过程成煤。一些学者已经发现，海侵过程成煤可分为“海退型煤” 和‘海侵型煤”，其中海退型煤并不是在海退时期形成的，而是在海平面缓慢上升的低位晚期阶段形成的，海侵型煤则是海侵期海平面迅速上升形成的。受成煤环境地球化学元素不同的影响，海平面初始上升期形成的煤与海平面迅速上升时期的煤在煤地球化学特征方面以及显微组分方面都有显著的不同。在对含煤岩系的研究中发现，大面积分布的以含海相化石的泥岩或海相石灰岩为顶板的煤层多形成于海侵时期，一般为海侵体系域的组成部分，并和上覆的陆源碎屑沉积物一起构成了典型的海陆过渡相含煤旋回层。区域上分布广泛的煤层是在长期的、遍及盆地范围的碎屑物质供速率与潜水面抬升而产生的可容纳空间的增长速率相匹配期间形成的，因为泥炭的持续堆积需要有效可容纳空间的持续提供。由于在海平面变化引起的可容空间变化速率呈有规律性，且在理想环境下，高位期和低位期可容空间变化速率具对称性，为此提出了煤层厚度和连续性与层序地层格架的关系，认为分布孤立的、最厚的煤层易形成于海侵体系域早期和低位体系域晚期。这两个海平面变化时期都是海平面上升速度缓慢的时候。在空间上连续性展布最好的煤层易形成于高位体系域中期和低位体系域中期。海侵体系域中期、高位体系域晚期及低位体系域早期煤层分布孤立且厚度最薄。在对中国南方石炭—二叠系含煤岩系的研究表明，分布广、厚度大的煤层形成，不仅与海平面变化有关，还与海平面变化引起的泥炭堆积的环境有关。认为海陆交互环境的三角洲聚煤作用实际上是由基准面上升过程中发生的，同时提出煤层厚度受泥炭堆积速率与可容空间增加速率的匹配所控制。靠海一侧障壁—潟湖或碳酸盐岩台地沉积环境中，厚煤层往往见于初始海泛面附近，而靠陆一侧冲积平原和三角洲平原沉积环境中，厚煤层往往发于在最大海泛面位置。据邵龙义等提出的“海相层滞后时段聚煤”思想，即煤层形成于海平面上升过程中的“碳酸盐沉积滞后时段”中，“滞后时段（Lag Time）”指在海平面上升至碳酸盐台地之上到碳酸盐真正开始沉积之间的一段时间。厚煤层主要出现在初始海泛面的位置但就整个三级复合层序来说，层序中厚度最大、分布最广的煤层主要分布于可容空间增加速率最大的最大海泛面附近的位置。对于中国晚古生代近海型煤系中常见的“根土岩—煤—石灰岩”序列，聚煤作用发生于海相石灰岩“滞后时段”，即在海侵之后、海相石灰岩层真正沉积下来之前的时段，这一时段可容空间增加速率与泥炭堆积速率平衡，也是有利于聚煤作用发生。

1.2.4 黔西北含煤系岩层序地层学研究状况

贵州俗有“江南煤海”之称，黔西北龙潭组是贵州的主要含煤岩系。针对黔西北的龙潭组含煤岩系层序地层已经有很多研究，不同学者因研究侧重点有所差异而对黔西北聚煤盆地层序地层的认识有较大出入。陈代钊对黔西北龙潭组的地层研究认为在龙潭组中，所识别的层序主要由 TST 和 HST 两部分组成，LST 在龙潭组层序中，下切谷充填主要由多层叠置砂体组成。在龙潭组中，煤层组常直接覆盖于下切谷充填之上，区域性厚（主）煤层常位于煤组顶部，局部被海相层覆盖，因此，煤层（组）主要在TST内形成，主煤层顶相当于最大海泛面。并在黔西龙潭组识别出10个层序界面，由此所限定的层序大致相当于体系域级别的4级层序。LST发育不好，仅在有些下切谷充填的底部以滞留沉积保存。TST下部以下切谷充填为特征。煤层的发育状况和几何形态反映了复合海平面变化的影响，以3级海平面下降背景下的4级层序内的煤层较稳定，且厚度大（陈代钊，1997）。对滇东黔西的晚二叠世含煤岩系研究后认为，黔西晚二叠世底部发育着一套玄武岩质砾岩，这套砾岩为辫状河三角洲沉积，并进一步识别出砾质辫状河道、砂质辫状河道、砾质河口坝和砂质河口坝等沉积类型，并认为三角洲朵体之间地区以及在衰退的三角洲朵体之上成煤较好。（邵龙义，等，1994）对黔西晚二叠世含煤岩系高分辨率层细地层分析后认为黔西海陆过渡相地区厚煤层最容易发生在四级层序的海侵体系域中—下部及三级层序的海侵层序组中，并提出旋回频率曲线法，用于贵州西部晚二叠世幕式聚煤作用研究，划分了不同级别的聚煤作用幕，分析了聚煤中心在不同级次的海平面变化周期中的迁移规律。

不同学者对黔西北晚二叠世含煤岩系的高分辨率层序地层的研究，基本形成了海陆过渡相的地方是利于成煤的地方的共识。海陆过渡相的沉积区域是地质营力、物质及能量交锋最激烈的区域，因而普遍认为海陆过渡区域容易形成厚煤层。

1.3 主要研究内容及技术路线

1.3.1 主要研究内容

本书在吸收与分析前人研究成果的基础上，以构造学、沉积地质学、层序地层学原理和方法为指导，以野外剖面、钻井和测井资料相结合，采用多学科、多手段的综合研究分析方法，综合利用区域地质，对黔西北晚二叠世含煤地层进行岩芯露头、测井、旋回事件的研究识别出层序及界面、准层序组（体系域）及界面、准层序及界面。再通过对识别界面在横向上的综合对比建立起研究区高分辨率等时地层格架；在对研究区建立起的等时地层格架的控制下，从沉积体系展布着手，充分利用探井资料开展横向上的沉积微相研究，总结砂岩、泥岩及煤层分布规律，结合泥炭聚集作用研究，认识厚煤体的发育规律，确定有利相带厚煤体的分布；并在厚煤体分布规律研究的基础上，结合煤岩地球化学分析，寻找海陆过渡相地区厚煤层在横向上的相带展布规律。并在上述研究的基础上，结合厚煤层及优质煤的的沉积环境与沉积演化史分析聚煤中心迁移的动力条件，并找出黔西北地区晚二叠世的含煤岩系的沉积规律及厚煤在晚二叠世的聚煤规律。建立黔西北晚二叠世的成煤模式，形成黔西北晚二叠世厚煤层选区评价优选方法，开展有利勘探目标预测研究，预测有利厚煤层优质煤勘探目标。具体步骤如下：

（1）综合利用露头剖面、测井、录井和取心等资料，识别出层序界面，建立起研究区的高分辨率层序地层格架，并分析其与传统地质分层的关系。并对研究区内含煤岩系按所建的层序格架进行划分和对比。

（2）按研究区建立的高分辨率等时地层格架恢复岩相古地理。

（3）对研究区高分辨率等时层序地层格架内沉积微相分布特征和厚煤体空间展布精细解剖。

（4）对研究区含煤岩系的沉积环境特征结合地质营力动力识别出聚煤中心迁移的煤厚变化的规律。

（5）通过对研究区聚煤中心迁移规律的识别，进行含煤岩系各种成煤动态及静态地质要素及其空间配置关系分析。

（6）通过黔西北晚二叠世含煤岩系的聚煤规律的系统研究预测厚煤优质煤目标区。

1.3.2 研究技术路线

收集研究区的露头剖面、钻井、岩芯和测井曲线等资料；对资料分析识别层序界面，划分单井沉积旋回，对单井剖面横向及纵向进行综合对比，建立起高分辨率等时层序地层格架。结合含煤岩系煤地球化学及聚煤中心迁移规律找出研究区厚煤优质煤的有利目标勘探区。具体研究工作流程如图 1-3 所示。

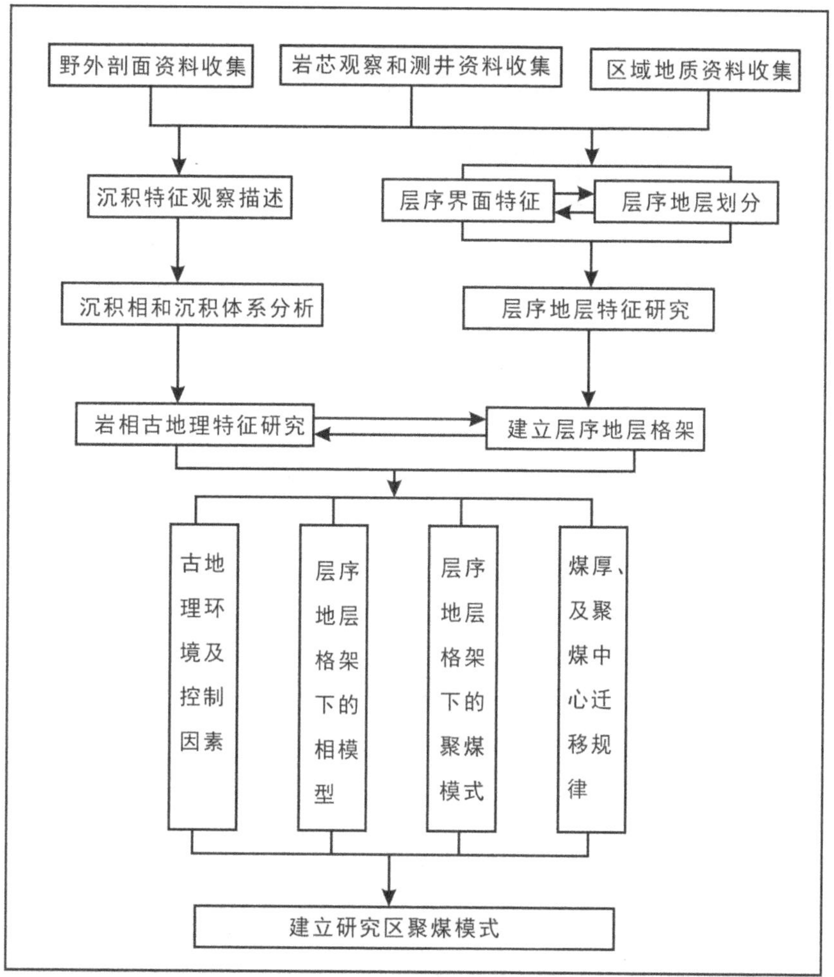

图1-3 技术路线流程图

1.4 完成工作量

针对本课题的研究内容，采用上述研究技术路线和研究内容，完成了大量扎实的基础工作：野外剖面的测试、图件的编制和基础数据的分析等，主要工作量见表1-1。

表 1–1　主要完成工作量统计

工作内容	数据统计	工作内容	数据统计
国内外相关文献	检索论文相关文献及报告共计数以百篇，优选100篇重点阅读分析	岩相古地理演化模式图	3套
研究区各类报告	12份	砂泥比等值线图	3套
剖面测试	两组	岩相古地理图	3套
岩芯观察描述	8口井3 200m左右	泥岩厚度图	3套
单井剖面层序划分	12个单井剖面层序划分；重点5个	聚煤规律图	3幅
连井剖面层序划分	三组连井剖面层序划分	旋转旋回模式图	1套
地层厚度等值线图	3套	测井相分析图	16组相型分析
砂岩厚度等值线图	3套	煤层对比图	4组
标志层对比图	4组	聚煤中心迁移图	1幅

1.5　主要研究成果

（1）本课题对研究区野外剖面及钻井岩芯系统、细致的观察，结合录井、测井曲线及区域资料的综合分析，应用层序地层学的基本原理及技术方法，在沉积环境类型、沉积构造、剖面结构分析的基础上，在研究区晚二叠世含煤地层识别出3个沉积体系组、3个沉积相及众多的亚相、微相类型。再次系统研究整个黔西北含煤地层成煤环境及特征，主要包括曲流河—湖泊成煤环境、上三角洲—下三角洲成煤环境、碳酸盐台地成煤环境，并建立了相应的成煤模式。综合测井、岩芯资料对研究区晚二叠世三角洲沉积体系进行高分辨率层序地层分析，从中识别出短期、中期2个级别的基准面旋回层序，进一步分析短期旋回层序结构。并对煤层在层序地层格架中的位置进行系统研究，中等厚度三角洲煤层发育在海侵体系域晚期，即属于“海侵型成煤”。

对研究区聚煤中心迁移规律的识别，进行含煤岩系各种成煤动态及静态地质要素及其空间配置关系分析；认为研究区陆地晚二叠世发生了顺时针方向30°左右的旋转对聚煤中心的迁移起到了很好的匹配作用。

（2）恢复了研究区的岩相古地理：在三级复合层序的龙潭早期，黔西威宁地区属于曲流河—湖泊沉积组合，再向东侧的水城主要三角洲的沉积组合，在与海过渡地带的织金、金沙、桐梓、仁怀一带主要为障壁性碎屑沿岸沉积组合（主要为障壁砂坝、潟湖沉积），并在金沙、织金一带识别出障壁砂坝；在仁怀、大方、纳雍的潟湖型沉积环境中识别湖中心泥岩相。其研究区东部和南部为碳酸盐台地所覆盖。龙潭晚期，黔西威宁屈曲流河—湖泊沉积的范围向东迁移。水城一带近一步发育成三角洲，而在三角洲之东侧继续发育障壁岛潟湖沉积组合，这些沉积构成了贵州西部海陆过渡相的主体。

（3）论文的创新点。在研究区的聚煤规律及聚煤中心的迁移特征上，分析出聚煤环境的变化很大程度上受控于研究区陆地的旋转中，从而提出旋转旋回沉积模式，可以解释研究区南部滨海环境相对稳定，而研究区北部滨海环境变化较频繁，从而引起聚煤中心的迁移。也可以较好解释一次聚煤可以横跨不同相区甚至不同的聚煤盆地的幕式聚煤。

研究区聚煤中心在龙潭早期基本分布于滨岸线的三角洲沉积组合及障壁碎屑岸线沉积组合附近。在龙潭早期黔西北聚煤地带的沉积旋回频次大致相当，而在龙潭晚期则发生了较大规模的聚煤中心迁移。聚煤中心的迁移说明滨岸线位置的大幅度迁移，即滨岸线的不同位置发生了不同频次的沉积旋回。因为高频的沉积旋回是产生多次聚煤的必要条件。总的来说黔西北晚二叠世聚煤中心有沿滨岸线向北迁移的趋势。是什么原因使得黔西北滨岸线靠北的沉积旋回频次远高于滨岸线靠南的沉积旋回频次呢，如果只是单一的海平面升降而引起的基准面的变化则很难解释这种滨岸线附近发生的沉积旋回频次如此大的差异性。有一点可以解释这种现象，就是陆地的旋转下切可以解释这种差异性沉积旋回。研究区黔西北属于扬子地台西南缘。有证据表明，扬子地块在古生代晚期，中生代早期从北半球低纬度开始向北漂移，同时发生顺时针旋转运动，在经历了上千千米的运动后与华北地块碰撞，导致了秦岭造山带的隆起，东古特提斯海的关闭和四川盆地的形成，这一构造作用一直持续到早新生代。在研究区顺时针方向旋转的地质体，使得水城方向处于旋转半径的近端，而研究区滨岸线以北靠旋转半径的远端。在旋转中沿旋转半径，无论近端还是远端其旋转角速度是一样的，但沿旋转轴其旋转线速度是不一样的，在研究区滨岸线以南旋转半径以近产生的海面下切幅度自然比以北旋转半径产生的海面下截幅度要小，以小的海面下截幅度所产生的滨岸沉积旋回频次也就自然要小于大的海面下切幅度所产生的滨岸旋回频次。高频次的沉积旋回会引起多次的聚煤。这就是聚煤中心在旋转旋回沉积的模式下会发生较大幅度的迁移。另外旋转旋回沉积模式下，因为陆地向海有一定方向的倾斜，若只是海平面的相对升降运动，则一次聚煤是很难覆盖在不同的沉积相区上的，因为在只有相对海平面的升降运动，不同相区有较大幅度的高差，而成煤是要在时间和空间耦合的泥潭沼泽的环境中，所以说在有较大幅度高差的不同相区的沉积环境中，要在一次海侵时被淹而形成泥潭沼泽环境也是不太可能的事情，但是陆和海的相对旋转运动则能很好地解释这个问题。假设相对较低的沉积相区（也就是与海平面的垂直距离越近以及与海平面的水平距离越近的相区）作为在一次成煤事件的旋转半径的近端，自然这个相区下切到海平面以下的幅度就会比旋转半径远端下截的幅度要小，旋转半径远端的沉积相区是相对较高的相区（也就是垂直距离与海平面越远以及与海平面的水平距离越远的相区）。不同沉积相区与海平面的水平与垂直方向上的距离差别可以在通过下切旋转运动达到与海平面的下切幅度大体相一致的效果。不同相区下切幅度一致，则滨岸线地方的旋回频次也就较一致，也使得有一定幅度差异的相区能够在陆区旋转海侵的过程中一次性地下水位抬升而形成泥炭沼泽之地。1992 年，邵龙义等在研究中国南方石炭、二叠系含煤岩系时，注意到海陆交互相环境中的一些厚煤层横跨不同相区呈大面积分布（数百至数千平方千米），在研究中也发现形成大面积连续分布煤层的沉积环境与煤层以下的岩层沉积物的沉积环境并不是必然的连续，也就是说煤层以下的沉积环境可以属于不同的沉积相区。从而依据这一特殊现象提出了幕式聚煤作用（ep-isodic coal accumulation）概念，可解释横跨不同相区的大范围的聚煤作用。这种横跨不同相区的聚煤作用在很大程度上是由区域性的，甚至全球性的海平面变化引起的，在一次聚煤中沉积环境可以横跨不同的沉积环境甚至大到不同的盆地。这一理论的核心是大范围的海平面上升期间滨岸环境的聚煤作用的的同期性。幕式聚煤作用与周期性的海平面变化引起的聚煤环境的改变密切相关。在幕式聚煤作用发生期间，同期沉积事件以及所包含的若干个次一级的沉积事件在特定的沉积环境下都可能沉积为具有一定规模的煤层。大规模的海侵事件（如三级或二级海侵事件）所形成的煤层常常具有大区域的或盆地范围的分布规模，而在次一级海侵过程（如四级或四级以下的海侵事件）中形成的煤层则具有较小区域的分布规模。大规模的海侵事件相当于层序地层学和成因地层学中的最大海泛期沉积，而次一级的海侵事件则相当于一个正常的海泛面沉积。可以说，幕式聚煤期往往能形成大范围分布的厚煤层，是最大海泛面沉积的代表。次一级幕式聚煤作用期则往往发生较小范围展布的煤层，却代表了正常海泛面沉积，形成多个次级的聚煤作用幕则往往是两次大规模海侵事件之间会发生多次的次级海侵事件，而多个次级聚煤作用幕的叠加则形成了更高级别的聚煤作用幕。幕式聚煤作用与层序地层学原理相结合，可以划分出对应于不同级别海平面变化的聚煤作用幕，并在层序地层格架中预测一次海平面变化旋回中聚煤中心的迁移规律及煤层的展布规模等。陆海的相对下切的旋转运动便能很好地解释在一次成煤事件中，煤层可以横跨不同的相区，甚至不同的聚煤盆地。一般海平面与陆地的相对升降运动是达不到这个可容纳空间的非均一性增加的效果的。可容纳空间的连续非均一性的增加效果，应是在滨岸线附近发生，一般地质体的差异沉降虽然能使可容纳空间达到非均一性的增加效果，却在横向上不具有连续性。大面积的厚煤层的同期形成是要在横向上具有均一性的可容纳空间增加的条件，而大面积连续展布的煤层的形成环境与煤层下伏沉积物的沉积环境并没有必然的联系，很多煤层的下覆沉积环境是属于不同的沉积相区的，这就需要可容纳空间的增加要具有非均一性。陆地的相对海平面的下切旋转运动就能很好地达到成煤可容纳空间在一次成煤期的非均一性和连续性的统一。造成聚煤可容纳空间的非均一性及连续性的增加是因为海陆的下切旋转运动从理论上具备这个条件：地质体的旋转运动其滨岸线附近的可容纳空间的角速度的增加是一样的，这就使得聚煤可容纳空间的增加具有连续性。另外地质体的旋转运动在滨岸线附近的旋转半径以近与旋转半径以远的线速度是不一样的，这就使得聚煤可容纳空间增加具有非均一性，最终形成聚煤可容纳空间同期增加的非均一性和连续性，从而为一次可以横跨不同相区甚至不同盆地的聚煤创造了沉积环境条件。

第2章 区域地质概况

本课题贯穿了“构造控制环境、环境控制沉积的层序地层聚煤”的工作思路。研究区黔西北地处中国西南地区，西起云南宣威、东至贵州织金、北起贵州桐梓、南到贵州盘县一带。本区地形复杂，其中山地占87%，丘陵占10%，盆地和河谷平原占3%。地势西高东低（见图2-1）。

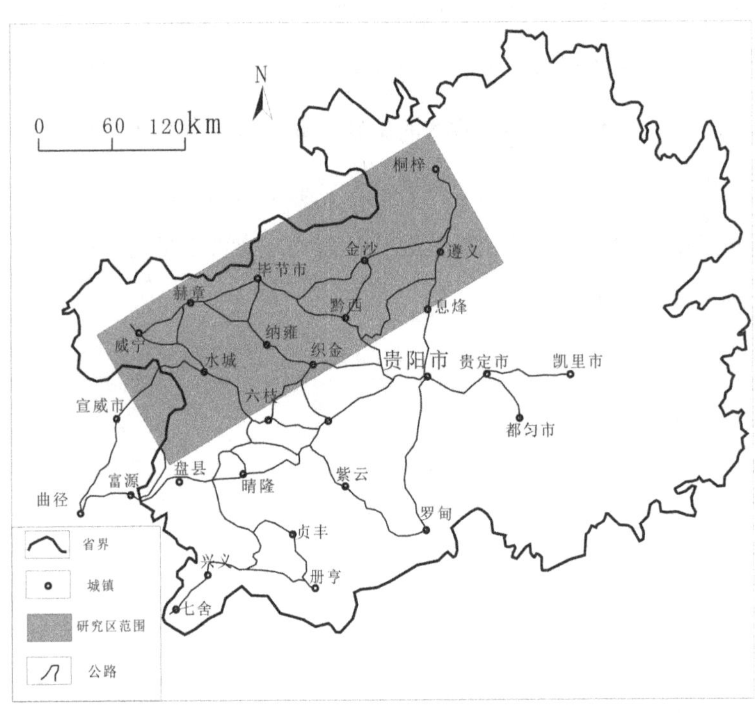

图2-1 研究区地理位置及交通情况略图

2.1　区域构造背景

2.1.1　构造位置及区划

研究区构造上属于扬子板块的西南缘。就整个扬子板块而言，是我国南部地区一个相对稳定的地质单元。据有关研究表明，我国南方古大陆在地质历史上曾经出现过三个不同的沉积单元，习惯上称之为扬子区、华南区和华夏区。1 700 万年前发生的的小官河运动形成了原始扬子陆块和华夏陆块，此后经过 1 700～800 万年之间的两次大陆边缘增生阶段，原始扬子陆块演化成为较为稳定的扬子板块。志留纪末（大约在 408 万年前）的广西运动形成了华南造山带，并使扬子板块和华夏板块被“焊接”为统一的我国南方板块，从此我国南方进入了板内活动阶段。中晚元古代和古生代黔西北在大地构造上位于扬子板块上的上扬子地区西南缘，在晚古生代则属于统一的中国南方板块的一部分。从盆地类型来看（何登发，董大忠，吕休祥，曹守连等. 克拉通盆地分析. 北京：石油工业出版社，1996），该区在二叠纪则主要属于扬子克拉通盆地，晚二叠世，云、贵、川是一个统一的聚煤盆地，西面是川滇古陆，北有淮阳古陆，东为雪峰、江南古陆，南面马关—大新古陆。贵州黔西北处于盆地中部，也是沉积坳陷和聚煤的中心所在。总的地势呈西北高东南低略向南东倾斜的斜坡，物源来自川滇古陆（见图 2-2）。

2.1.2　构造演化

结合黔西北聚煤盆地的边界，也为便于沉积环境与聚煤规律的研究，根据贵州古构造发展的特点，结合晚二叠世沉积建造的分布规律，在贵州作如下沉积基地的划分（见图 2-3）。

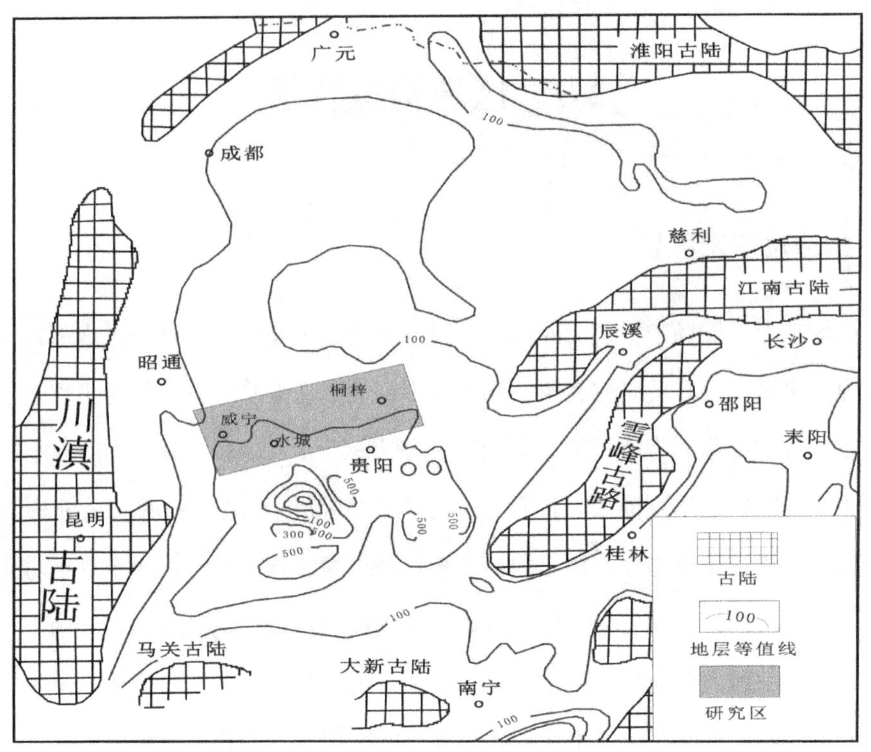

图 2-2　华南晚二叠世聚煤盆地古地理示意图

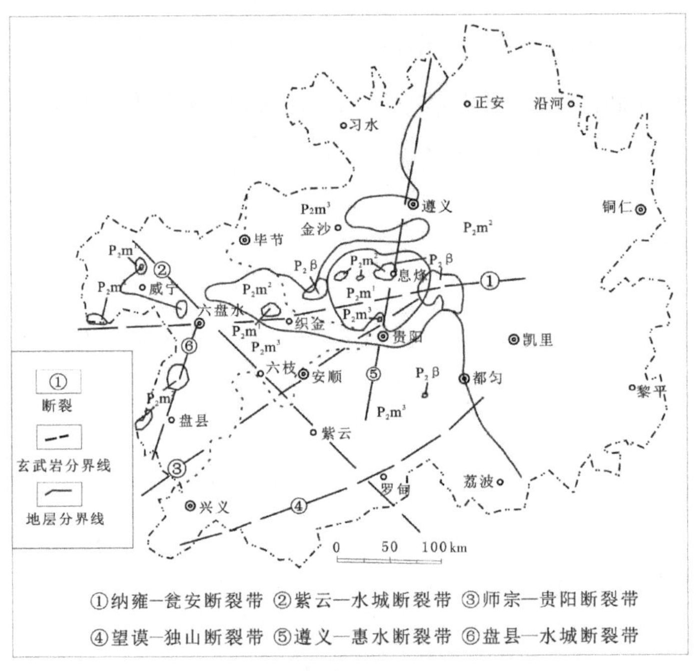

图 2-3　贵州晚二叠世含煤地层基地地质图

1. 黔北隆起

纳雍—瓮安断裂带以北的广大地区，黔北隆起指中晚奥陶世开始上隆，泥盆纪至石炭纪，长期出露水面，遭受强烈剥蚀。早二叠世遭大规模海侵，中、晚期有玄武岩喷发。早晚二叠世之交隆起成陆，大量玄武岩再次喷发。晚二叠世的含煤建造，以砂岩、泥岩、石灰岩和煤层为主。煤层、标志层较稳定，显于对比。由系至东为陆相—过渡相—浅海相。相带呈北北东至北东向展布。

2. 黔南坳陷

位于纳雍—瓮安断裂带以南的广大地区，自震旦纪起长期为海。海西期受拉伸张力作用，逐步发展成裂谷带，多有深水沉积，是扬子板块在贵州境内较大的一个二级构造单元。

平坝—水城断陷，是黔南坳陷西部的一个构造单元，夹于纳雍—瓮安断裂带和师宗—贵阳断裂带之间，包括盘县、水城和修文这一三角形地区。区内普遍有玄武岩分布，晚二叠世沉积发育完全，厚度变化由 230~530m，是贵州境内聚煤最有利的场所。总体呈南东倾斜的箕形。根据古断裂活动的差异，以紫云—水城断裂带为界再划分为两个断陷：①织金断坳。织金断坳是由纳雍—瓮安断裂带、师宗—贵阳断裂带、紫云—水城断裂夹持的三角区。总体呈南向倾斜的斜坡。玄武岩分布广，西部以晚二叠玄武岩为主，东北角有少量早二叠世玄武岩发育。晚二叠世含煤建造全为过渡相，只北东角清镇、瓮安一带有海相沉积。过度相区以岩屑砂岩、泥岩为主夹煤层及石灰岩。煤层发育良好，是主要含煤区之一。海相区以石灰岩、泥岩、砂岩为主，夹煤层。含煤性稍次，沉积厚度 200~480m。②六盘水断坳。六盘水断坳位于贵州西部两组交叉断裂夹持的三角地带内。紫云—水城断裂南西盘不均衡下降，使之形成和北东倾斜的斜坡。早晚二叠世之交，玄武岩的大量喷发，先期充填了早二叠世晚期由于拉伸而形成的裂陷槽，在水城都格玄武岩厚度上 1 000m。晚二叠世的含煤沉积发育，以砂、页岩为主夹煤层。含煤多达 70 余层，总厚度 40m，是富煤带主要分布区，聚煤中心也在该范围内。

兴仁—紫云断陷，位于交叉断裂南部断块区，是黔南坳陷的主体部分。该区从泥盆纪起都属于较深水斜坡式盆地相沉积区。晚二叠世以碎屑岩堆积为主，具浊流性质。区内有少量早二叠世玄武岩喷发，并在罗甸、望谟的茅口灰岩中有同源辉绿岩入侵。沉积中心在牛田，最大厚度达 1 619m。

2.1.3 研究区的同沉积期断裂

晚二叠世沉积期，所反映出的断裂，主要有纳雍—瓮安断裂带，师宗—贵阳断裂带，紫云—水城断裂带，望谟—独山断裂带，盘县—水城断裂带，遵义—惠水断裂带等六个断裂带，是加里东和海西期发展起来的的古断裂图。这些纵横断裂交织，将整个贵州南半部分割成不同块体。它们在各个时期或先或后，或多或少对沉积起到一定的控制作用，具有继承性，晚二叠世上述古断裂的表现如何？

1. 纳雍—瓮安断裂带

见于水城、织金、修文、瓮安近东西一线，分别进入云南、湖南境内，东西长约为450km，断裂带宽约20km，是至少由2~3条断裂组成的并不十分明显的阶梯状断裂带，总体倾向南。该断裂带形成加里东期，广西运动表现明显。泥盆、石炭纪各滨岸线均在断裂带附近摆动，因此，北部长期遭受剥蚀，南部沉积厚度巨大。该断裂对晚二叠世含煤岩系的影响较大。①成煤基地。早二叠世茅口灰岩的风化剥蚀程度，明显受纳雍—瓮安断裂带控制。北侧（上升盘）风化剥蚀强烈，威宁二道河、纳雍大坝、息烽、修文等地，茅口第三段和第二段剥蚀殆尽，一段个别点残留不足30m；南侧茅口第二段虽经剥蚀，但三段齐全。说明晚二叠世沉积前，纳雍—瓮安断裂带北侧已经历较长时间的相对上升。②茅口风化面上，普遍有一层铁铝岩或铝土质泥岩，但断裂以北的广大地区普遍较厚，最厚达8.3m，一般也有2~3m。而南部则时有时无，且厚度在1m以下，说明断裂两侧剥蚀程度明显差异。③晚二叠世含煤地层的厚度变化明显。断裂以北的广大地区一般都在300m以下，最小（修文素补）只有79m；南侧一般都在400m左右。说明两侧古地理的差异、沉降速度的快慢以及物质供给条件等均受断裂控制。④煤岩层对比。两盘各自的可比性都较好，但南北两侧可比性则较差，特别是龙潭早期。如水城格木底向斜与大河边向斜和修文素补与清镇流长等，可比性差，说明它们在沉积过程中，各种条件有较大的差异。

2. 紫云—水城断裂带

北起水城，经六枝、镇宁、紫云抵罗甸，北西向分布，走向长230km以上，北西段由2~3条主要断裂组成宽20余km断裂带。该断裂带形成于加里东末的广西运动。早期的断裂在赫章垭都、镇宁、紫云一带活动，如北西段垭都、云贵桥一带，北东侧志留、泥盆、下石炭统缺失，中上石炭统只有百米左右；而南西侧志留系出露厚度230m，泥盆、石炭系突出增至 3 000 余 m。在紫云附近北东侧的中泥盆统以浅海相、滨海碎屑岩和碳酸盐为主；而南西侧变为深海相泥质页岩、泥灰岩。上泥盆统和下石炭统北东侧为碳酸盐建造，而南西侧以硅质页岩、泥岩建造为主。该断裂带与海西期的裂陷作用关系十分密切。早晚二叠世之交的东吴运动，使下二叠统的碳酸盐岩张裂呈北西向的块体，并有大量玄武岩溢溢，充填于低凹部位，如水城嘟格一带有厚千余米的玄武岩分布；南部镇宁牛田一带，与玄武岩同期充填的是大量的碎屑浊流沉积，它们在一定程度上起到了先期填平补齐作用。晚期（二叠世）的活动主要反映在水城、镇宁和牛田，达 1 619m，北东侧厚度相对较小，多数在 400m 以下，个别地段不足 200m。说明南西盘沉降速度快，堆积厚度大。二是对含煤性的控制，龙潭组可采煤层厚度，在水城—镇宁间的变化十分明显，南西侧 10~20m，北东侧仅 3~10m；镇宁—罗甸间南西侧属无烟煤区（煤层可采性差），北东侧 0~5m。另外，该断裂也是晚二叠世成煤期古河道发育的重要场所。

3. 师宗—贵阳断裂带

该断裂与上述垭都—紫云断裂是同一应力发生的一组交叉断裂。在它们的共同作用下，控制了泥盆、石炭系岩性差异和古地理轮廓，并使整个南部地区的沉积、古构造古地貌复杂化。该断裂分布在盘县威舍、晴隆、镇宁、平坝、贵阳和瓮安一带，长 350km，宽 15km 左右。牛田、摆金、惠水、龙里和都匀等凹地斜列于断层之南东侧，为下降盘，其沉积厚度都在 450m 以上；盘南凸起和平坝凸起分布在断裂之西北侧，为上升盘，地层厚度 400m 以下，断裂北西侧多为过渡相区，以砂质岩为主；南东侧为海相区，以碳酸盐岩为主。北西侧含煤岩性较好，而南东侧汉煤性很差。龙潭组可采煤层总厚的分布规律明显地受其控制。北西侧有大量玄武岩分布，南东侧只零星见及。

4. 望谟—独山断裂

沿平塘、罗甸和望谟入广西隆林至云南开远，呈北东向延伸。区域资料表明，该断裂带至少形成于加里东阶段，二叠纪再度活动。北侧以开阔台地相碳酸盐为主，有台地边缘相沉积；南侧为广海盆地相，以碎屑岩沉积为主。西段两侧沉积厚度相差较大，南盘 600m 左右，北盘一般 400m 左右，因处于较深海域，两盘都是无烟煤区。

5. 遵义—惠水断裂带

该断裂带位于贵州东部，南起惠水，经贵阳、息烽、遵义、桐梓入川，南北相展布。有关资料表明，该断裂带形成于奥陶、志留之交的都匀运动，广西运动进一步加强，泥盆石炭纪时也有活动。断裂带东侧的燕山期褶皱背斜宽缓、向斜紧凑，呈等距南北向平行排列；而两侧为北东向斜的宽缓向斜及紧凑背斜，这一截然不同的格局，很可能是受古断裂控制；此外，西侧的地层分布主要为侏罗、三叠和二叠系，寒武系为主，这说明该断裂二叠纪以后可能仍有活动。

6. 盘县—水城断裂带

该断裂带位于贵州西部盘县、水城、赫章一带，南北向展布，可能形成于海西期。早泥盆世，盘县以西为牛首山古陆，以东为台地相沉积。中、晚泥盆世及早石碳世的相变线与该断裂大体一致。东吴运动，使西侧明显抬升，茅口第三段多处剥蚀殆尽，第二段与上覆玄武岩假整合接触；东侧相对下降，茅口灰岩虽剥蚀，但三段齐全，进入晚二叠世以盆缘断裂的形式出现，东侧沉降速度较快，一般厚400m以上，西侧明显变薄。有关资料表明，该断裂在布格重力梯度图上亦有反映，并有大量玄武岩溢溢，有属深断裂的可能。

2.2 区域地层特征

2.2.1 岩石地层

据全国地层会议的划分，贵州晚二叠世海陆过渡相的含煤地层为龙潭组；其上产海相灰岩夹砂泥岩和硅质岩的为长兴组和大隆组（硅质层）。龙潭组在贵州东部变为海相沉积，统称为吴家坪组；在贵州西部渐变为陆相沉积，统称为宣威组。吴家坪组和宣威组为龙潭组的同时异相沉积。

1. 长兴组

贵州长兴组岩性组合可划分三个分区，即东区（仁怀—贵阳—紫云以东）、西区（赫章—二塘以西）和中区（安顺—水城），三者呈渐变过渡关系，总体反映东海西陆、北薄南厚的沉积格局。东区几乎全为灰岩，深灰色具沥青味。中区可分为上下两段。上段为灰岩夹燧石灰岩，灰至深灰色，中厚层状，其中夹粉砂质泥岩；下段以粉砂岩、砂质泥岩为主夹菱铁岩薄层，多呈灰、黄灰色，含较多植物化石碎屑。西区主要为黄绿、灰黄色粉砂岩夹粗砂岩薄层和菱铁岩薄层，含大量植物化石及其碎片。

2. 龙潭组

龙潭组岩性岩相的横向变化与长兴组相似，并明显地反映了东海西陆的自然地理景观和北薄南厚的构造沉积格局。龙潭组上段（P_2l^2）以玄武岩屑细砂岩、粉砂岩和砂质泥岩为主夹有煤层和海相灰岩。桐梓、黔西、六枝和普安一线两侧的泥岩和粉砂岩，具水平、波状层理，潮汐层理也比较发育，常见有黏土层。织金珠藏和纳雍彼德等地的细砂岩见有鱼骨刺等双向层理。小型槽状层理、大型槽状层理和板状层理、楔形层理等大多见于龙潭相区西侧。龙潭组下段（P_3l^1）以深灰色泥质粉砂岩、泥质砂岩为主。下部粉砂岩夹有薄层状菱铁岩和三至五层灰岩层，在金沙、织金、盘县等地，潮汐层理比较发育，灰岩层下常有一煤层。上部夹薄层黄绿色常含完整植物化石的细砂岩，在毕节周围和纳雍加嘎、比德一带，见有河道砂体发育，由下向上由细砂岩—粉砂岩—泥岩—根土岩—薄煤层组成正粒序，重复出现，单个层序厚度 3~5m 不等。本段含煤 10 余层，属于不稳定至较稳定的煤层。

2.2.2　沉积演化特征

晚二叠世末期，爆发东吴运动，贵州西部及中部开始有玄武岩喷发，海水大规模南退。几乎整个贵州被抬升成陆，遭受强烈剥蚀。进入晚二叠世大量玄武岩浆喷发，稍后海水南西入侵，渐次向北超覆。除黔南边阳、沫阳向东的相带展布面重新占主导地位。从西至东，由陆相、过渡相到碳酸盐台地。过渡相以砂岩、泥岩为主要加灰岩煤层。台地相主要为燧石灰岩。在黔南台地相的紫云、罗甸等处尚继承性地发育北西向的盆地相碎屑沉积。晚二叠世沉积等厚线反映出的隆起明显受纳雍—瓮安断裂控制。断裂以南属黔南拗陷，沉积厚度一般 410 余 m，沉积中心在牛田，最后 1 600m 左右。此外还可以分出次一级的凸凹。纳雍—瓮安断裂带北侧是黔北隆起，一般地层厚度在 150m 左右，隆起最高点在素朴，沉积厚度仅 76m。黔西北二叠世晚期的主要构造运动——东吴运动，该运动在黔西北也有明显表现。它对于晚二叠世含煤岩系基地的形成同沉积期的构造演化以及整个煤系地层的发展都有重要的影响。

早二叠世是晚古生代以来的一次海侵，几乎遍及整个华南，且岩性、岩相、生物组合等均无大差异，表明这一时期地壳的相对稳定性。茅口中晚期，构造古地理格局发生分异，开始大规模海退，（直至剩下黔南边阳、沫阳残留盆地）。海侵—海退历史说明稳定地壳开始转化，东吴运动由此孕育。茅口期在师宗—贵阳断裂带两侧，有一海相为主的玄武岩堆积。进入晚二叠世，黔中及黔北不断上隆，普遍遭受剥蚀；与此同时，西部茅口灰岩之间，存在较长时间的风化剥蚀，故二者之间为假整合接触。玄武岩顶部，普遍有一层杂色斑点状凝灰岩、黏土岩铁铝岩等，局部夹有底砾岩。说明玄武岩喷发后，普遍遭受剥蚀，与其上覆至龙潭组为假整合接触。在少数地区（如水城龙王庙）玄武岩底部时有凝灰质泥岩，偶夹继续煤线。说明晚二叠世玄武岩的喷发已经进入成功率煤期。贵州西部的水城比德、汪家寨、盘县土城和普安等地，玄武岩的上部有 0~332m 的含煤地层，并有局部可采煤层，也说明在玄武岩喷发的间歇仍有成煤环境。据此可以认为，在西部玄武岩溢溢的同时，其外围有含煤地层沉积，二者之间呈指状交叉。东吴运动不但造成早二叠世晚期的海水南退，绝大部隆升成陆。进入晚二叠世，大量玄武岩喷发，并诱发了先期的断裂构造运动，如两组交叉断裂、黔中断裂、盘县断裂、水城断裂以及遵义惠水断裂等。这些断裂将贵州一分为二，黔南为坳陷，黔北是隆起；南北向的盘县—水城断裂和遵义—贵阳断裂，分别控制陆相、过渡相和浅海相的相带展布。

第3章 黔西北上二叠世沉积体系及沉积相

据有关人士研究表明，贵州西北部晚二叠世含煤岩系沉积环境既有河流作用为主的三角洲，又有潮汐作用为主的潮坪——潟湖和碳酸盐台地沉积。只是它们在不同时期，不同地区表现程度不一致而已（见图 3-1）。

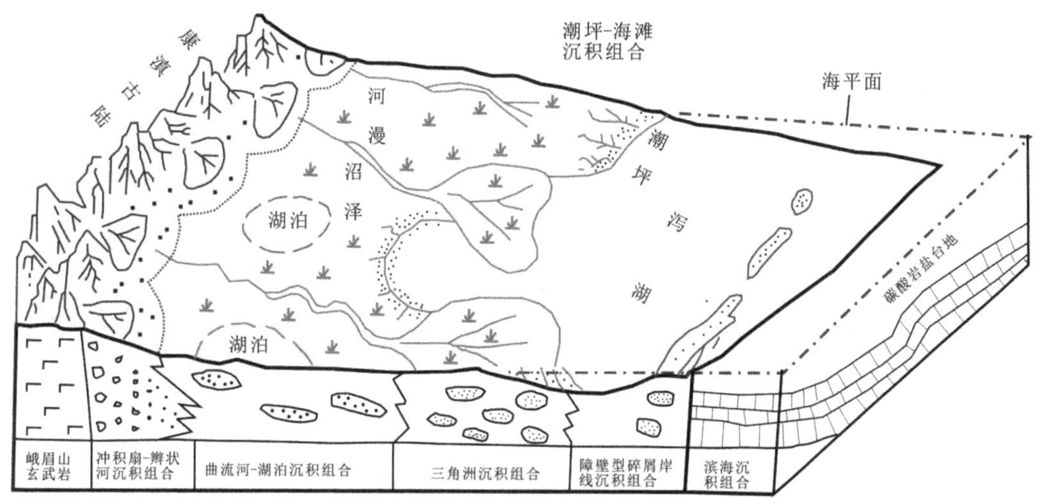

图 3-1　扬子区上二叠统沉积体系模式图

本课题利用野外典型剖面、钻孔岩芯宏观沉积相分析及岩相类型的归纳总结的基础上，利用研究区含煤岩系岩石特征、结构构造特征古生物特征和地球物理特征并根据各类岩相在垂向上的组合关系及在平面上的分布，识别出研究区陆相、海陆过渡相含煤岩系的 3 种沉积体系 7 种沉积相类型见表 3-1。

表 3-1 黔西北晚二叠世沉积体系分类表

<table>
<tr><th>沉积体系</th><th>沉积相带</th><th>沉积类型</th><th>分 布</th></tr>
<tr><td rowspan="3">三角洲—潮坪体系</td><td>河控的上三角洲平原</td><td>分流河道、天然堤、决口扇、边滩、河漫滩、分流间湾和沼泽</td><td rowspan="3">黔西龙潭组上段、长兴组及其相当地层</td></tr>
<tr><td>过渡带三角洲平原</td><td>潮汐影响的分流河道、分流间湾和泥炭沼泽</td></tr>
<tr><td>潮控的下三角洲平原</td><td>潮道、分流间湾、潮汐砂坝和泥炭沼泽</td></tr>
<tr><td rowspan="2">障壁型碎屑沿岸沉积组合</td><td>障 壁</td><td rowspan="2">潮道、潮间、潮上、潮下、潟湖和泥炭沼泽</td><td rowspan="2">黔西龙潭组下段</td></tr>
<tr><td>潟 湖</td></tr>
<tr><td rowspan="2">碳酸盐岩台地体系</td><td>台 地</td><td rowspan="2">碳酸盐岩潮坪、潮下、半局限台地、开阔台地、生物礁、台盆和深水盆地</td><td rowspan="2">黔西安顺以东地区</td></tr>
<tr><td>盆 地</td></tr>
</table>

3.1.1 河流沉积体系及沉积相

河流沉积属于陆相沉积，河流沉积体系在含煤岩系中占有重要的位置，各种类型的含煤岩系中均有发育。河流沉积主要分布在水城—毕节以西地区，属冲积平原相带。古地势的差异和距离物源远近不同造成不同地区有不同的沉积类型。总的来说黔西北威宁地带发育曲流河—湖泊沉积组合。龙潭早期，在研究区南部蜈蚣岭一带，峨眉山玄武岩之上沉积了曲流河—浅滨湖沉积组合，龙潭晚期曲流河—湖泊沉积组合向东迁移，研究区北部水城以北，由于距物源区较远，古地势平缓，因此以细砂岩、粉砂岩及泥岩沉积为主，中粒砂岩及粗砂岩很少，无砾岩。研究区威宁西南部和赫章以河流下游发育的曲流河—湖泊沉积组合，具间隙性的良好成煤。在龙潭早期成煤较差，而在龙潭晚期及长兴期的成煤状况良好。

1. 河床滞留沉积

河流携带沉积物的粒度变化范围很宽，除了悬移的粉砂岩、泥质等组成上部沉积旋回的物质以外，砂是最主要的沉积对象。粗的砾石碎屑的搬运是很缓慢的，它只是在河流量高峰时期作短距离的搬运。因此，在正常的情况下，由于流水的冲刷与分选作用，细粒的物质不断地被带走，而粗粒的砾石则残留在河床底部，呈透镜体产出，称之为河床滞留沉积。常处于河床沉积剖面的底部，向上逐渐过渡为边滩或心滩沉积。据以往研究，在盘县以西以及威宁—赫章一带比较发育为网状河道。本次研究认为该区主要为水城以西的上三角洲相的曲流河—湖泊沉积组合。河道砂体在断面上呈透镜状，并且不同的层位砂岩有一定的继承性，说明河道比较固定，河道砂体之间是河道间湿地（河漫滩、湖泊、沼泽和泥炭沼泽）细粒沉积。研究区西北部蜈蚣岭一带的曲流河—湖泊，在蜈蚣岭地区呈东西向转南东向而进入云南境内，而贵州境内分布主要受紫云—垭都断裂所控制，同时也受北部的河间高地地貌所限制，其河道沉积的底界具有明显的冲刷面，由灰、暗灰色含砾中粒砂岩、含砾细砂岩向上部变细为细砂岩，约占整个层序的 70%。

2. 分支河道

曲流河由于局部地段发生决口等原因而形成分支河流。分支河流的沉积与曲流河有所不同：粒度一般比曲流河沉积细，河道位置不稳定，砂体在剖面呈单个透镜状无互相叠置现象，河道砂岩被泛滥盆地沉积包围并占有很大的比例和范围。分支河道一般发育在网状河道比较明显的拐弯处，发育大-中小型槽状交错和板状交错层理，堤岸洪泛沉积则以沙纹状层理和水平层理为主，含较多完整的植物化石。分支河流的发育在威宁蜈蚣岭曲流河流向东南方拐弯处，以灰黄-深灰色细砂岩为主，发育槽状及板状交错层理，堤岸泛滥沉积以泥质粉砂岩及泥岩为主夹薄煤及煤线，发育水平层理见图 3-2。

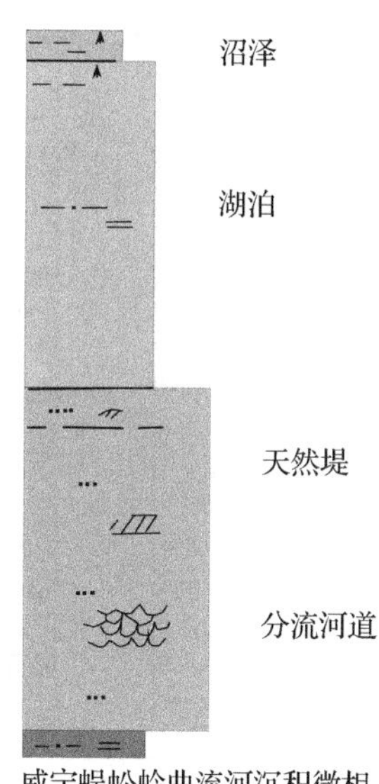

图 3-2　分流河道微相沉积特征图（威宁蜈蚣岭）

3. 天然堤

天然堤的形成是因洪水期河水漫过河岸，当河水变浅、流速降低时，大量河水携带的搬运物质很快在岸边沉积下来，形成天然堤。天然堤沉积的岩石的粒度比边滩细，比远离河道的河漫沼泽沉积要粗，主要是由粉砂岩与泥质岩组成的，在岩性组合上最突出的特点是粉砂质层泥质层组成薄互层（见图 3-3）。

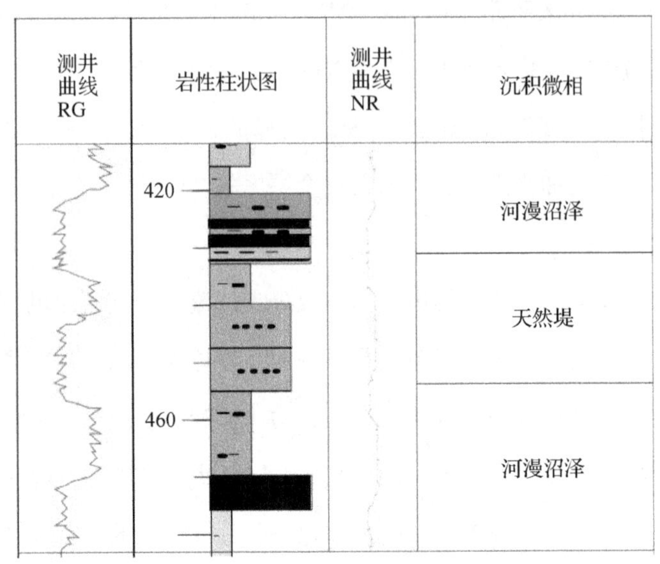

图 3-3　曲流河天然堤微相沉积特征图（威宁蜈蚣岭）

4. 决口扇沉积

在河流环境中，决口扇是常见的能量释放方式，在高水位期，过量的洪水冲决天然堤，并在堤岸靠平原一方的斜坡上形成树枝状水系的舌状堆积物，决口扇有时可以延伸到邻近的河漫盆地中。决口扇沉积是一种舌状体的砂体，剖面上呈透镜体状。厚度一般不大，从十几厘米到数米。粒度常常都比与之相连的堤岸沉积要粗，主要为细砂及部分粉砂粒级物质组成。层理主要是各种小型交错层理，局部可以为中型的交错层理。其他的常见构造有冲刷与充填构造，以及植物或其他化石遗体，它们都是河水带来的。研究区的决口扇沉积岩性主要由粗砂岩、中-细粒砂岩组成，砂体在横向上表现为延伸不太远的透镜体，具典型的小型沙纹层理，与下伏岩层常有冲刷现象（见图 3-4）。

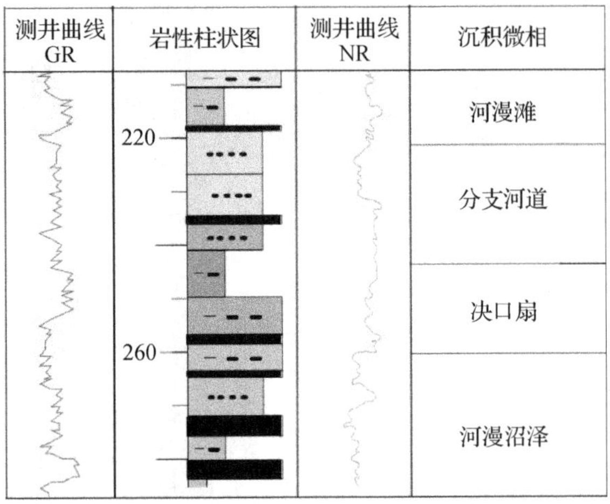

图 3-4　决口扇微相沉积特征图（水城汪家寨）

5. 河道沉积

单个河流沉积旋回具有向上变细的二元结构，下部为河道边滩粗粒沉积，上部为天然堤、决口扇等细粒沉积，底具冲刷面和滞留沉积（见图 3-5）。由于曲流河的侧向迁移，因此其砂体分布范围广，如水城汪家寨地区曲流河砂体厚可达 20m 左右，宽 500~1 500m。底部滞留沉积中砾石少，主要为泥砾或粉砂砾，且粒径小，一般小于 1cm。边滩沉积以细砂岩局部中粒砂岩为主，砂岩分选性较好，发育大型槽状交错层理，层序结构为典型的正粒序，且大多具旋回性，即重复叠置，剖面上砂体常常为单个透镜体。侧向上过渡为以粉砂岩为主的并于泥岩互层的天然堤沉积，具小型交错层理和水平层理，常见植物根痕和碎片。

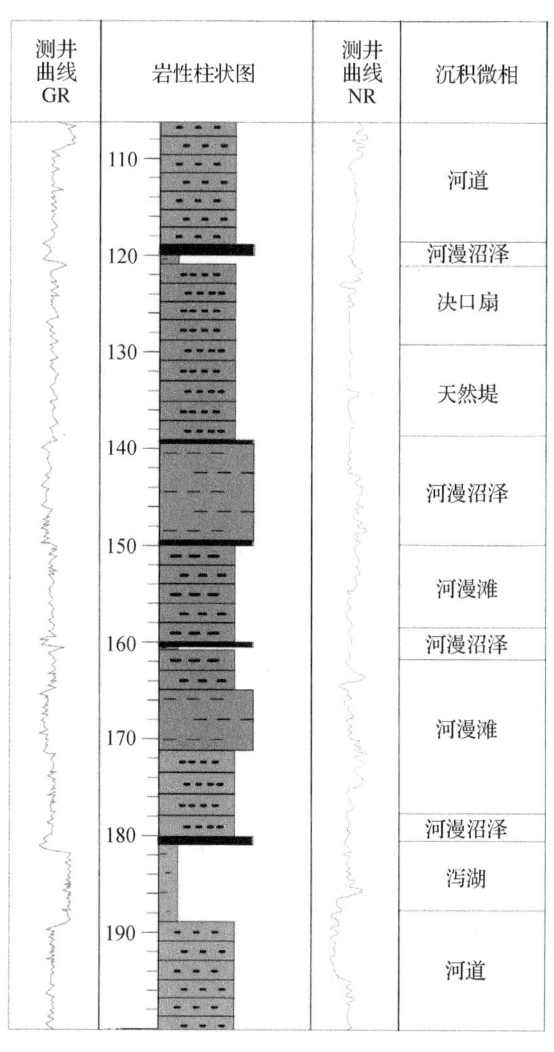

图 3-5　河道微相沉积特征图（水城汪家寨）

6. 泛滥盆地沉积

河道两侧天然提以外经常受洪水影响的地区为泛滥盆地（见图3-6），一般由泛滥平原、岸后沼泽和湖泊组成。由洪泛期洪水漫过天然堤带来沉积物，以粉砂、泥质为主，发育水平纹理和波痕层理，常见植物碎片，有生物扰动现象，并可见菱铁质结核。较低凹地带为沼泽—泥炭沼泽，沉积物为灰色、暗灰色泥质粉砂岩、泥岩，夹煤层或煤线，含完整的植物化石及根痕。煤层一般顺河流方向呈线性展布，并向河道方向逐渐变薄、分叉直至尖灭。湖泊沉积由块状或水平纹理的黑色泥岩组成。

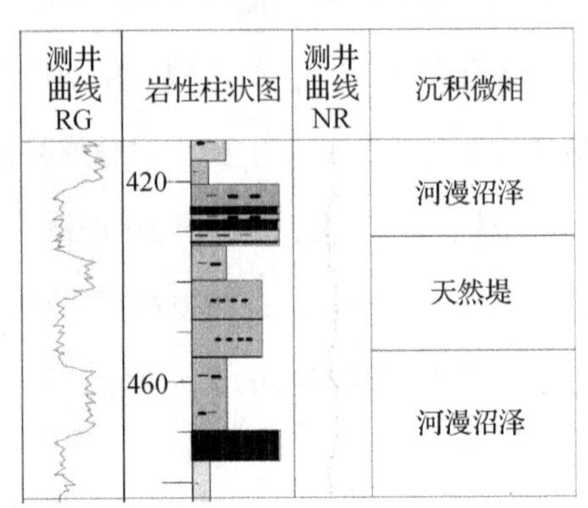

图3-6　泛滥盆地微相沉积特征图（威宁蜈蚣岭）

7. 湖泊沉积

湖泊沉积主要发育在龙潭早期及长兴期，属岸后湖泊类型，只是规模较大。以灰色、暗灰色泥质粉砂岩、泥岩为主，夹薄层粉砂岩，水平层理发育，含植物化石，局部见洪水期沉积的薄层细砂岩；向上往往过渡为沼泽-泥炭沼泽相。湖泊沉积发育在威宁蜈蚣岭曲流河湖泊沉积组合（见图3-7）。

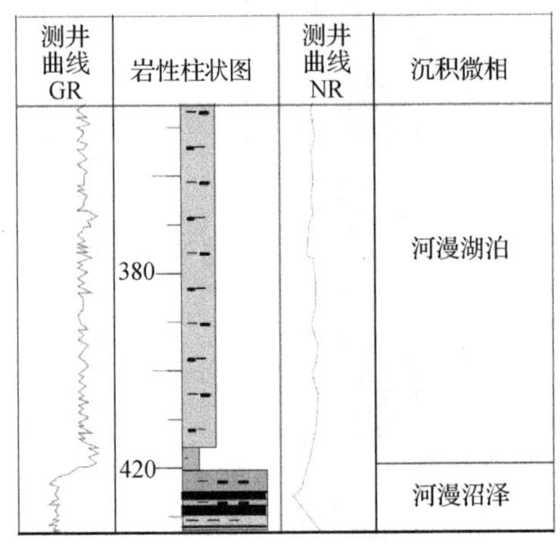

图3-7　湖泊微相沉积特征图（蜈蚣岭）

3.1.2　三角洲沉积体系及沉积相

三角洲是地质学中最古老的概念之一。三角洲一词早在公元前 400 年就有 Herootus 等人使用。最早在研究尼罗河冲积平原发现在平面上很像希腊字母“Δ”，于是便有了三角洲术语的雏形。而属于较地质意义上的三角洲最起初的定义是 Barrel（1912）提出的，认为“三角洲是由注水或仅靠永久性水体的河流所建造的部分属于陆面上的沉积体”。在中国对三角洲定义为一条河流如海和入湖的河口部分，在坡度上是比较平缓的，沉积物则容易大量堆积，河流在平缓的环境下形成许多分流，通常把第一个分支一下经常受到河流影响的沉积区称为三角洲（徐靖华，1979）。一般来说，在河流与湖泊或海洋的交汇处因地质营利的沉积作用而成锥形的沉积体，即三角洲。三角洲沉积环境是陆源碎屑沉积占优势的区域，属于海陆交互沉积环境。三角洲地区海洋和河流在河口地区共同作用的结果，其发育状况的最重要因素是河流供给大量沉积物在沉积区下沉的结果。三角洲的理想形态是锥形的。然而自然界一般很难见到理想的三角洲形态。受地表形态、气候、沉积物、水流量和河口综合作用过程以及河水与海水的共同水动力作用，还有沉积盆地的空间形态所提供的可容纳空间等作用的影响，三角洲沉积地区的环境非常复杂，河流分叉后，从第一个分叉开始起算进入三角洲的沉积范围，在分流河道之间尚有湖泊、沼泽沉积体，靠近滨岸尚有滨海沉积物混入。因此，三角洲环境沉积物为一混合体，称为三角洲体系（邵龙义，2008）。

1. 三角洲平原相

三角洲平原相为三角洲沉积的陆上部分，通常把三角洲平原分为上下两大部分：上三角洲平原分布于海洋潮汐的主要影响区之上即平均潮面之上，范围从河流开始大量分叉至海平面以上的广大河口区；下三角洲平原是上三角洲平原水下延伸的部分（邵龙义，2008）。总的来说上三角洲以河流作用为主，层理多为交错层理，具冲刷面的线性伸展的砂体占优势，粒度向上变细，侧向上过渡为泛滥平原砂岩、泥岩及煤层。下三角洲平原相位于平均高潮面以下，河水-海水相互作用带内，河流作用和潮汐作用是下三角洲平原的主要水动力条件。下三角洲平原与上三角洲平原的主要区别是：下三角洲相的河道明显分流，分流间湾和决口扇发育，原生沉积构造多种多样，既有河流作用形成的各种类型交错层理，也有由潮汐作用形成的潮汐层理，河道既是流水的通道，也是海水倒灌的通道-潮道。三角洲平原在三角洲范围内占较大的面积，其亚环境多种多样，以分流河道为骨架，两侧有天然堤、决口扇、沼泽-泥炭沼泽、湖泊-淡化潟湖和分流间湾等，其中分流河道-沼泽（包括泥炭沼泽）沉积组合是三角洲平原的典型沉积特征。根据沉积环境及沉积特征，三角洲平原相可进一步分为分流河道、天然堤、决口扇、泛滥盆地（沼泽、湖泊）等沉积类型（见图 3-8）。

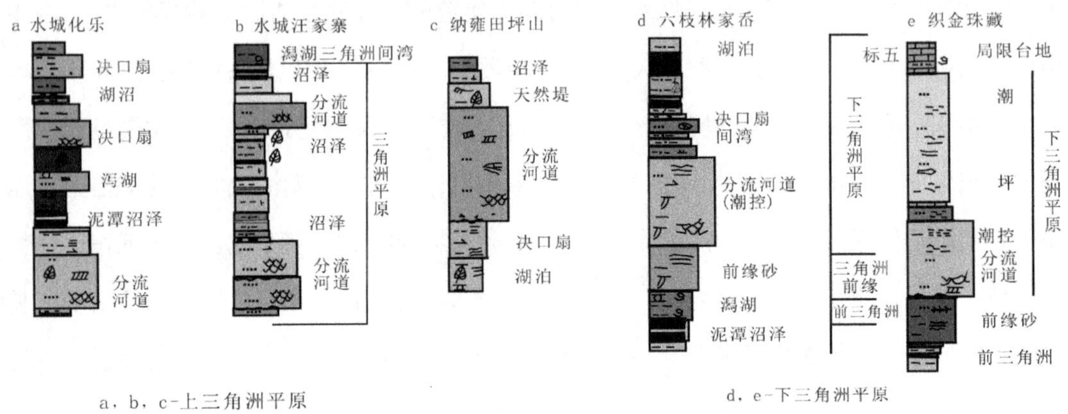

图 3-8　三角洲平原相沉积相图

（1）分流河道。分流河道构成三角洲平原上的主体，三角洲的大量泥砂碎屑物都是通过分流河道搬运至河口处堆积下来的，分流河道不仅是三角洲平原的骨架，也是整个三角洲的骨架。河流砂岩的空间展布特征（主砂体）对于判别三角洲的形态类型和水系特征具有重要的意义。长形三角洲由于河流泥砂输入量大，碎屑物通过河道被搬运到离岸很远的浅海，甚至达到浅海盆地，三角洲前缘砂及水下砂坝发育，砂体呈垂直或近平行岸线分布。水城煤田，织纳煤田为黔西北晚二叠世长形三角洲分布和发育区。通常鸟足状三角洲砂体具树枝状水系特征（见图 3-9）。

朵状三角洲具有朵叶状或不规则指状砂体及扇状水系。在三角洲平原，如水城、聚煤区，分流河道沉积的垂向层序具有一般河道的层序特征，即以细砂岩或中粒砂岩为河道的主体，于下伏岩层呈冲刷或弱冲刷接触，粒度向上逐渐变细为粉砂岩、泥岩及煤层。下部砂体中常含扁平泥砾及植物茎干，上部含不完整的的植物化石。原生沉积构造从下到上，由大-小型槽状、板状交错层理到上部的沙纹层理、波状层理及水平层理。在下三角洲平原区，如纳雍、织金，分流河道砂岩中见有单黏土层、双黏土层及潮汐束状体等潮汐层理，这些特征说明下三角洲平原分流河道有时具有河道–潮道二重性。

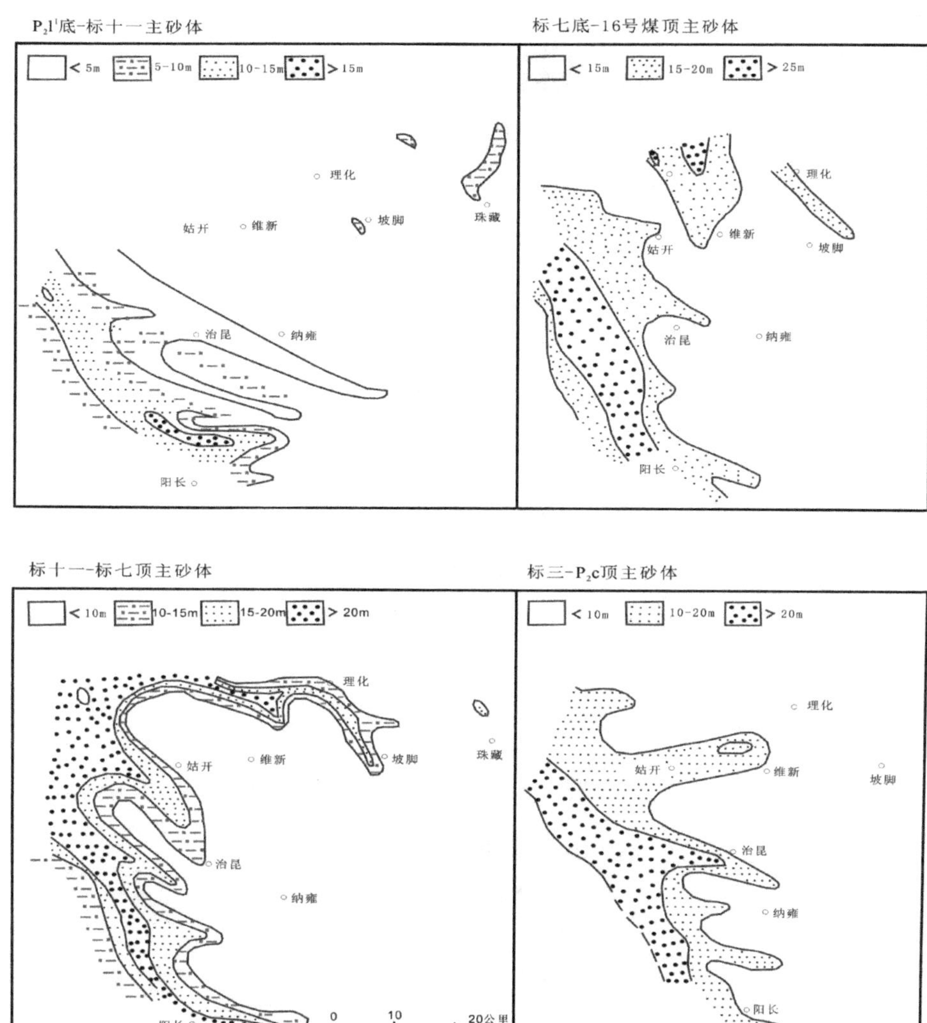

图 3–9　纳雍—理化长足状三角洲砂体分布图（据贵州煤田地质局，1994 修改）

（2）天然堤。天然堤发育在分流河道的两侧，垂向上位于分流河道之上，是在洪水期由洪水中悬浮的较粗物质在河道两岸堆积而成的，天然堤向河道一侧较陡，向外一侧较缓。在上三角洲平原，天然堤发育，下三角洲平原则发育较差。天然堤沉积以粉砂岩及粉砂质泥岩为主，粒度较河道沉积物细，较天然堤以外的沼泽–泥炭沼泽或湖泊沉积物粗。波状层理及水平层理发育，炭屑及细小植物茎干、根痕和生物潜穴常发育。有时夹镜煤条带和菱铁质结核（见图 3–10）。

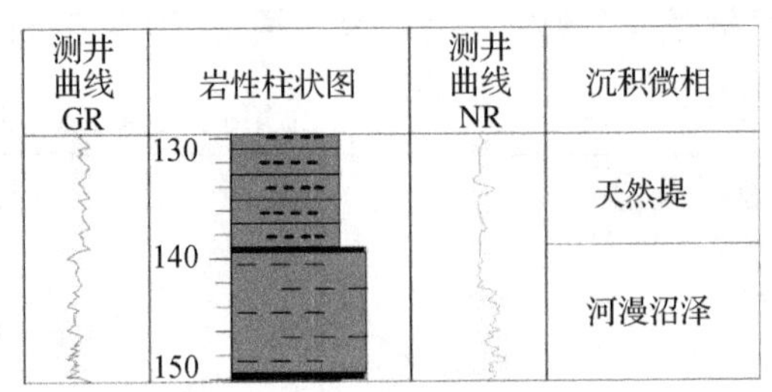

图 3-10　三角洲天然堤微相沉积特征图（水城汪家寨）

（3）决口扇。决口扇是由河水泛滥决口而形成的扇状沉积物，一般发育在道的两侧。决口扇沉积在三角洲平原中很发育。高潮时海水沿分流河道倒灌，也有可能使河堤发生漫决而产生决口扇沉积。决口扇沉积的规模与决口程度和决口时间成正相关关系。厚度一般3~5m，个别地段大于10m。河道附近的决口沉积物粒度一般较粗，多为细砂岩，与下伏岩层呈弱冲刷接触，砂岩中常见中小型交错层理或块状层理，粒度向上变细；远离河道处沉积物粒度较细，主要为粉砂岩和泥质粉砂岩，与下伏岩层多呈过渡关系，水平层理发育。决口沉积是造成煤层分叉的重要原因，也是煤灰分增高的原因之一（见图 3-11）。

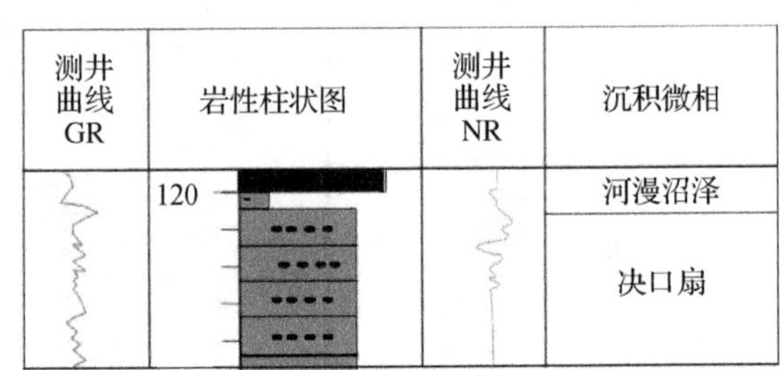

图 3-11　三角洲决口扇微相沉积特征图（水城汪家寨）

（4）沼泽-泥炭沼泽。沼泽和泥炭沼泽的面积约占三角洲平原的90%，分布于分流河道两侧的沼泽洼地和废弃河道、决口扇，湖泊-淡化潟湖及分流间湾之上。其表面接近平均高潮线。沼泽-泥炭沼泽是一个周期性为水淹没的地洼地区，水体的性质主要为淡水和半咸水。在植物繁茂地带主要为泥炭堆积。在复水较深的沼泽中，可有泥砂沉积，岩性主要为深灰色-黑色泥质粉砂岩、泥岩、炭质泥岩及煤层，水平层理或块状层理，常含岩屑、植物根化石及菱铁矿透镜体等（见图 3-12）。

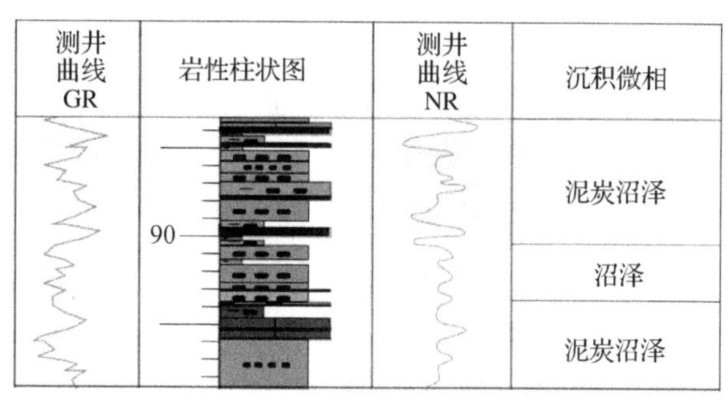

图 3-12　沼泽—泥炭沼泽微相沉积特征图（织金珠藏）

（5）湖泊-淡化潟湖。湖泊-淡化潟湖常常位于沼泽-泥炭沼泽中央的低洼区，水浅，淡水-半咸水，其湖泊面积小，水体浅，通常为 3～4m，它与邻近河道可有不明显的供水通道，常受到河水溢流补给和涨潮期海水的掺和。沉积物以灰—深灰色泥质粉砂岩和粉砂质泥岩为主，夹条带状和透镜状菱铁质粉砂岩或菱铁岩。水平纹层发育，含完整的植物化石，常见生物扰动构造，局部产广盐性生物和淡水动物化石。湖泊淡化潟湖沉积多与沼泽-泥炭沼泽沉积共生，一般位于沼泽-泥炭沼泽相的下部（见图 3-13）。

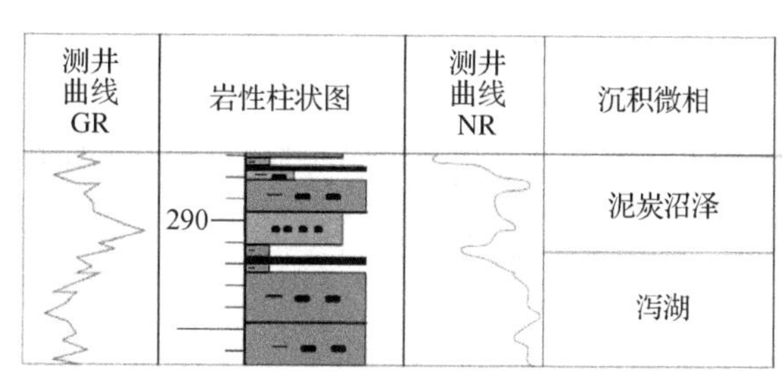

图 3-13　潟湖微相沉积特征图（织金珠藏）

（6）分流间湾。分流间湾是被天然堤或沼泽隔开并与开阔海水之间有一定连通的微咸水体，也可看成是分流河道之间凹陷地区的水下部分。前面与海相通，背面与陆相连。沉积物以灰-深灰色泥质粉砂岩和泥岩为主，夹薄层状和透镜状菱铁岩或菱铁质粉砂岩，常含星散状黄铁矿及结核。水平层理和波状层理、透镜状、脉状层理发育，含少量半咸水动物化石，偶见属种单调、壳薄体小的腕足类（如舌形贝、小戟贝等）化石。分流间湾沉积上部往往是沼泽-泥炭沼泽沉积和决口扇沉积，是三角洲平原聚煤的有利地段（见图 3-14）。

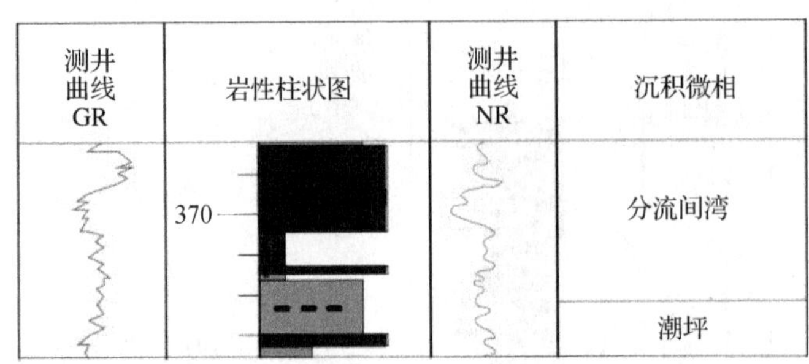

图 3-14　分流间湾微相沉积特征图（桐梓花秋）

2. 三角洲前缘相

三角洲是三角洲的水下部分，是分流河道的前端，是三角洲沉积活跃的部位。呈环带状分布于三角洲平原向海一侧边缘。在海相三角洲形成过程中，因河水密度小于蓄水体密度，低密度的河水离开三角洲平原后，会悬浮于高密度的海水之上呈平面喷流，其携带的泥砂质沉积会逐渐沉降下来堆积于河口附近，同时又受到海水波浪和潮汐的反复筛选、改造而重新分配，河口附近为河口坝，其外侧为远砂坝-席状砂。在其前缘，波浪和潮汐改造作用也被搬运到前缘地带的沉积物重新分配组合，形成与滨岸近于平行和近于垂直的水下（或潮下）砂坝，水下（或潮下）砂坝对海水的进退起一定的限制作用。沿金沙—织金—六枝一线，龙潭晚期三角洲前缘沉积很发育，长兴期由于海侵的影响，前缘砂坝规模小且比较分散。

（1）河口坝。河口坝又称分流河口坝，位于分流河道的河口处，沉积速度最大，由河流带来的砂质在河口区由于流速的突然降低堆积而成。平面上多呈长轴方向与河流平行的椭圆形砂体，剖面上呈对称的双透镜状。在长形三角洲中，伸长的鸟足状砂是河口坝向前推进的结果，称为指状砂坝。河口坝主要是以细砂和粉砂岩沉积为主，与下伏岩层（席状砂-远砂坝或前三角洲泥质沉积）呈弱冲刷接触或过渡关系，具三角洲下部的逆粒序。发育板状交错层理、楔形层理、潮汐层理、波状层理及水平层理等，局部发育攀升层理，化石稀少，层面含较多炭屑（见图 3-15）。

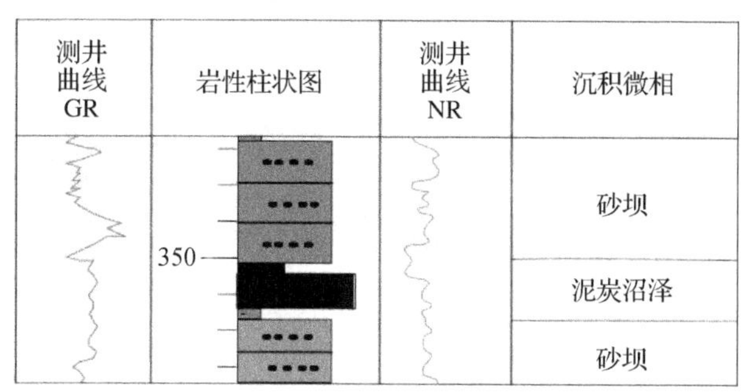

图 3-15　河口坝微相沉积特征图（桐梓花秋）

（2）席状砂-远砂坝。席状砂是河口砂坝受潮汐和波浪作用使沉积物被再次搬运至河口砂坝侧翼而形成的薄而面积大的砂层。远砂坝位于距河口坝较远的部位。席状砂和远砂坝在剖面上很难明确区分，以灰-深灰色粉砂和泥质粉砂沉积为主，水平层理（纹理）、波状层理和潮汐复合层理发育，层面含较多炭屑，生物扰动构造常见，含少量瓣鳃类和腕足类动物化石及碎片，其上主要为河口坝沉积。席状砂-远砂坝沉积厚度一般都不很大，在 10m 以下（见图 3-16）。

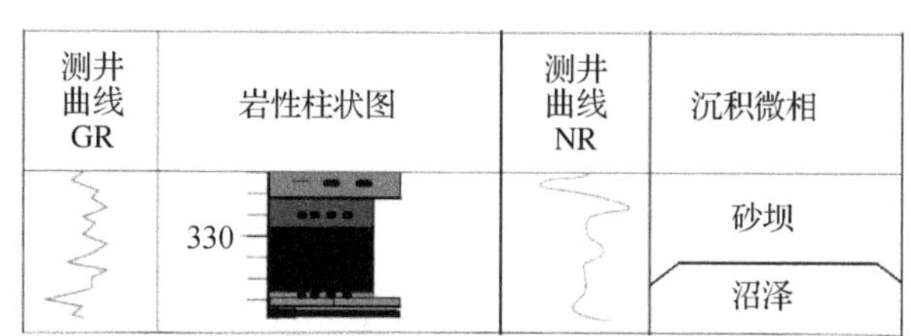

图 3-16　席状砂—远砂坝微相沉积特征图（织金珠藏）

3. 前三角洲相

前三角洲位于三角洲前缘的前方，剖面上在三角洲前缘亚相砂层的下部，由暗灰-灰黑色泥岩、粉砂质泥岩组成，主要发育水平纹层和块状层理，偶见透镜状层理，含大多星散状黄铁矿结核，含广盐性-窄盐性动物化石，生物扰动构造发育。在两个三角洲（朵叶体）之间存在一个三角洲间湾洼地，一侧与海相通，另一侧与分流间湾过渡，沉积情况与前三角洲相似。废弃的三角洲间湾，尤其是靠近上三角洲平原一端，是泥炭沼泽发育时间较长，泥炭沉积厚度大，分布面积广的聚煤最有利地区。

3.1.3 三角洲沉积体系组合类型

根据海陆过渡相区中三角洲的发育情况、规模大小、沉积特征、地理分布、区域构造背景及形态类型，结合冲积平原河流属性的相关特点，识别出冲积平原-过渡相区的两种重要的沉积组合类型：黔西水城、大方为长形（鸟足状）三角洲沉积组合；黔北仁怀、桐梓一带为朵状三角洲沉积组合类型。

1. 长形（鸟足状）三角洲

长形三角洲位于研究区水城、大方之间，呈北西向展布，受紫云垭都断裂及黔北隆起的控制。沉积厚度由北西往南东增大（300~500m）。发育演化期长，河道稳定，陆源碎屑供应充足，建设速度快（龙潭早期到晚期，三角洲向海伸长较远），属河控（高建设性）三角洲体系。六枝矿区位于该体系朵叶体之上，泥炭沼泽发育受到一定限制。织纳煤田及水城矿区位于三角洲朵叶体之间，泥炭沼泽受分支河流影响较小，形成了较好的煤层。

2. 朵状三角洲

黔北仁怀、桐梓三角洲即属此类。河道的不稳定性，致使三角洲的位置也经常发生迁移。该曲流河西部重庆境内向东流入区内，碎屑供应相对较少，故三角洲的建设期与破坏期同区域海退和海进密切相关。朵状三角洲规模远不如鸟足状三角洲那样宏大，形成时间上的跨度也没有那么大，沉积厚度亦要小的多（数十米），其水系呈散流的的扇状（见图3-17），朵状砂体由扇状散流形成的指状砂岩互相叠置而成。发育多而小的三角洲间湾，三角洲间湾是黔北朵状三角洲的有利聚煤地段，桐梓、仁怀和金沙等地的主要煤产地都与这些小而多的三角洲间湾沉积有关。

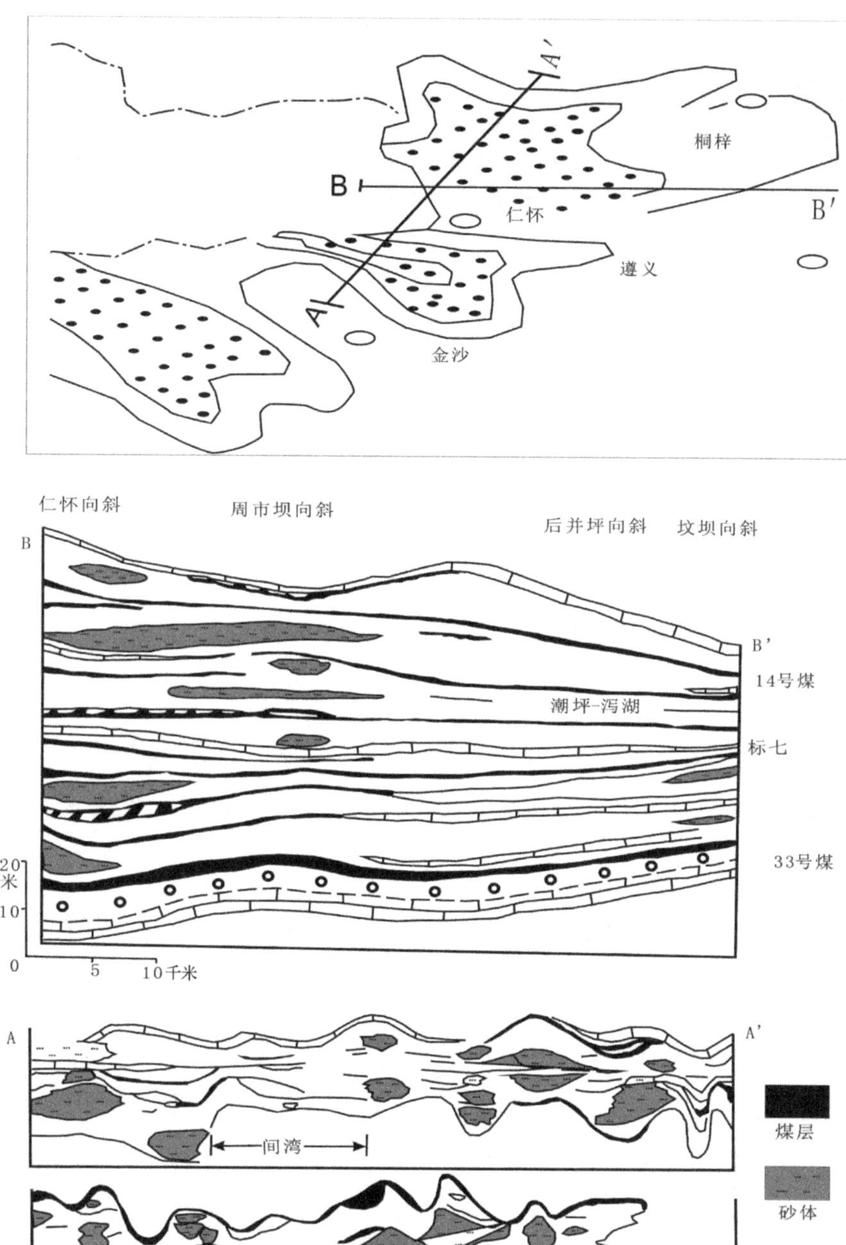

图 3-17　黔北朵状三角洲砂体体及煤层示意图（据贵州煤田地质局，1994，修改）

第4章 黔西北晚二叠系层序地层格架

4.1 旋回界面的识别

对黔西北晚二叠世层序地层格架基准面旋回的识别标志主要是依据岩芯和测井曲线所反映出来的地层旋回性特点和地层突变面的分布。对黔西北晚二叠世的基准面的旋回识别笔者认为可以从以下几方面着手分析：①沉积序列中的海相沉积其底界面往往是相对海平面上升的海泛面；②泥岩过渡沉积中的泥炭沼泽沉积（煤层）代表水体间歇性变深的沉积，在一定意义上讲，煤层代表一种沉积间断是基准面上升的标志；③岩芯剖在剖面上的冲刷现象以及在上面的河流滞留沉积物，也是基准面变化的标志，一般代表基准面下降后的侵蚀作用；④相序的规律变化是识别基准面旋回的重要依据，如岩芯相序在垂向上表现为向盆地迁移或者向陆推进，具为识别基准面旋回变化的依据；⑤相组合在岩芯剖面上的转换代表了沉积体制（如水体、深度、盆地沉积特点、水动力条件等）的转变，是基准面旋回变化的标志，如向上变浅的相序或相组合与变深的相序或相组合转换也是基准面的识别界面。依据上面的研究区界面识别的依据。可在研究区做出4种三级复合层序边界的识别：区域性不整合面、构造应力场转换面、河流下切面和海侵方向旋转转换面。

4.1.1 三级复合层序边界

（1）区域性不整合面。古构造运动形成的区域性不整合面是研究区晚二叠世地层划分的重要界面，如研究区晚二叠世龙潭组岩层就叠覆在二叠世茅口组或峨眉山玄武岩之上，茅口组灰岩或峨眉山玄武岩地层就成了晚二叠世三级复合层序和四级层序的S1的底界。在金沙白坪测井曲线图上显示出，晚二叠世下界与上界的岩性明显不同，在该处GR和

NR 测井曲线在界面出突然增大（见图 4-1）。

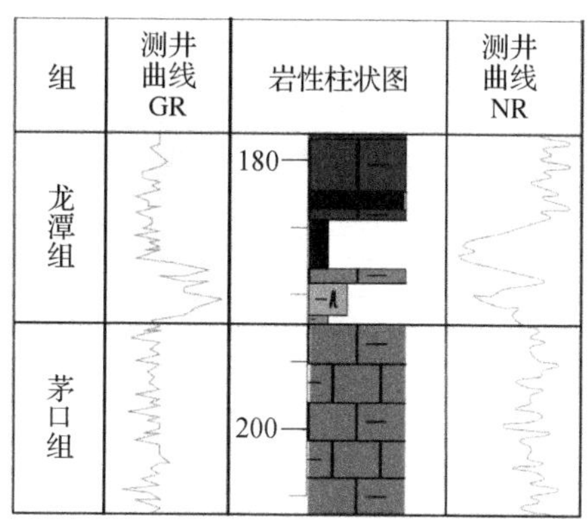

图 4-1　金沙白坪 ZK102 龙潭组底界面特征

（2）盆地构造应力场的改变，使得盆地沉积环境和沉积特征发生明显的变化，特别是可以导致盆地内占主要地位的沉积体系以及相应的体系域组成发生巨大变化（李增学，等，1996，1998）。构造应力转换面可能表现为整合面，也可能表现为侵蚀面或冲刷面。在研究区黔北因构造应力场的转换，在桐梓、仁怀地区龙潭组顶部砂岩就表现为不整合面。在研究区南部，构造应力场的转换对其并无大的影响，在水城沉降中心地带表现为整合面。

（3）下切谷冲刷面。区内一些区域性分布的砂砾岩代表低位期的河流下切滞留沉积，其底面也为一种侵蚀不整合面，可作为一层序界面划分的标志（窦建伟，邵龙义，等，1997）。如纳雍龙潭组底部的砂砾岩为三角洲平原沉积期，河流下切冲刷而形成的砂砾岩滞留沉积。这些砂砾岩底界面常为河道水降而强烈下切河谷形成的区域性冲刷面，其上、下沉积环境、陆源碎屑成分及沉积构造都有明显变化（见图 4-2）。

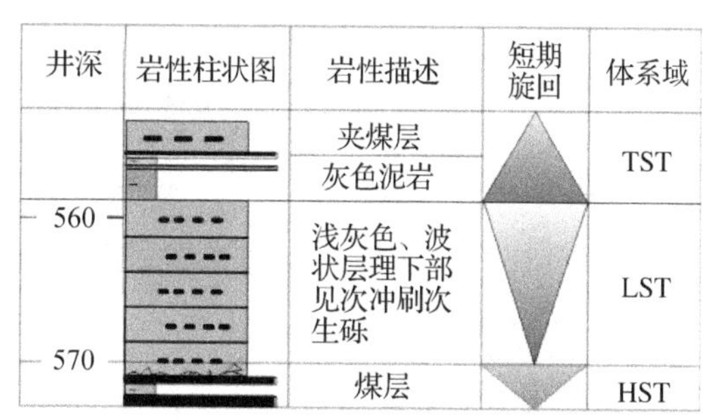

图 4-2　下切谷冲刷面特征图（纳雍化乐钻孔 38）

（4）海侵方向的转换面。研究区在龙潭沉积早期，在六枝、金沙和仁怀一线海侵方向为北东方向 30°左右的方向沉积。在龙潭晚期到长兴期海侵方向在六枝、金沙和仁怀一线发生偏转，转为沿北西方向 10°左右的方向沉积。这一界面可以通过研究区的区域古地理识别出来。因海侵面的转变代表着新的沉积事件的开始。

黔西北晚二叠世在龙潭早期，在纳雍以南的煤层总体比金沙仁怀北厚，出现煤层南厚北薄的局面，因海侵转换面的原因，在晚二叠世龙潭晚期，出现纳雍以南煤层有变薄的趋势，其北边煤层有变厚趋势，并且煤层覆盖面有继续向西迁移的状况，在研究区北向西迁移的幅度比在研究区南向西迁移的幅度大，形成晚二叠世龙潭晚期研究区海侵沉积覆盖面北广南窄的三角形区。在沉积界面上，由南向北因海侵转换面的存在不整合面表现来越来越明显。

4.1.2　四级层序边界

在进行层序边界的识别上，上述三级复合层序边界也是四级层序边界，但在三级复合层序里面还有很多四级层序边界，在进行四级层序边界识别上主要有以下几个方面：

1. 河流侵蚀面

在河道发育地区，河流下切侵蚀形成的侵蚀不整合面。这类界面在范围上主要是指的局部地区而不是较大范围区域上发育的河道所形成的界面，在横向上可对比的界面主要为河流泛滥盆地中形成的古土壤层。

2. 煤层

煤层的发育与海平面变化有密切关系。虽然泥炭堆积成煤可出现于海平面曲线变化的任何时段，但厚度较大、分布面积较广的煤层则可能出现于最大海侵处或其附近（Aitken，1995）。通常煤层与下面的地板岩层没有直接的成因关系，其底面代表了一段时间的沉积间断，可作为准层序或层序的界面。如果煤层下有下切河道发育那么煤层底面可能是河道充填之后的首次海侵面；如果没有下切河道发育，煤层底面则是长期暴露之后，再次被水淹没的面，因此它既是海侵面，也是与下切河道底面可对比的河道间层序界面。

3. 古土壤及根土岩

煤层底板的发育植物根的泥岩相当于现代的潮湿气候下的淋滤土（leached soil）和潜育土（gley），是地表暴露的一个主要标志，代表了一段时间的沉积间断。一般以煤层底板岩层为母质形成的，煤层底板的根土岩的顶面也就是煤层的底面。因此，古潜育土的出现一般可能为四级层序界面或海侵面；若是古新成土则未必是层序界面的标志，在界面识别上还须考虑其上下岩层的关系，若上下沉积环境有较明显的相变，则可将其视为层序或准层序界面（邵龙义，2008）。古土壤的出现是地表暴露的一个主要标志。古土壤出现的位置是河道下切侵蚀面可对比的河道间层序界面（Wright，1996）。在河流相沉积中，在有河道砾岩发育的地区层序界面位于河道砾岩的底部，没有河道砂岩发育的地区则主要靠古土壤或岩性、相序组合来识别。

4.1.3　初始海泛面与最大海泛面

基准面的旋回很大成因上是因海面的升降引起的，而海泛面代表海平面升降的转折点，因此海泛面是层序地层学研究中一个很重要的成因地层界面，一个四级层序中的初始海泛面和最大海泛面是划分低位体系域、海侵体系域和高位体系域的界面。从研究区各种岩层所形成的沉积环境分析，一下几种类型的特征岩层或岩层组合代表了所在地层序列沉积时达到的最大海泛。

1. 石灰岩层

研究区石灰岩层代表了每一含沉积旋回中的最大海泛阶段，在全区广泛稳定分布，具有等时性，是划分对比地层的标志之一，可作为不同级别层序的凝缩层对待，而代表层序中最大海泛的石灰岩层可作为划分海侵体系域高位体系域的分界（见图 4-3）。

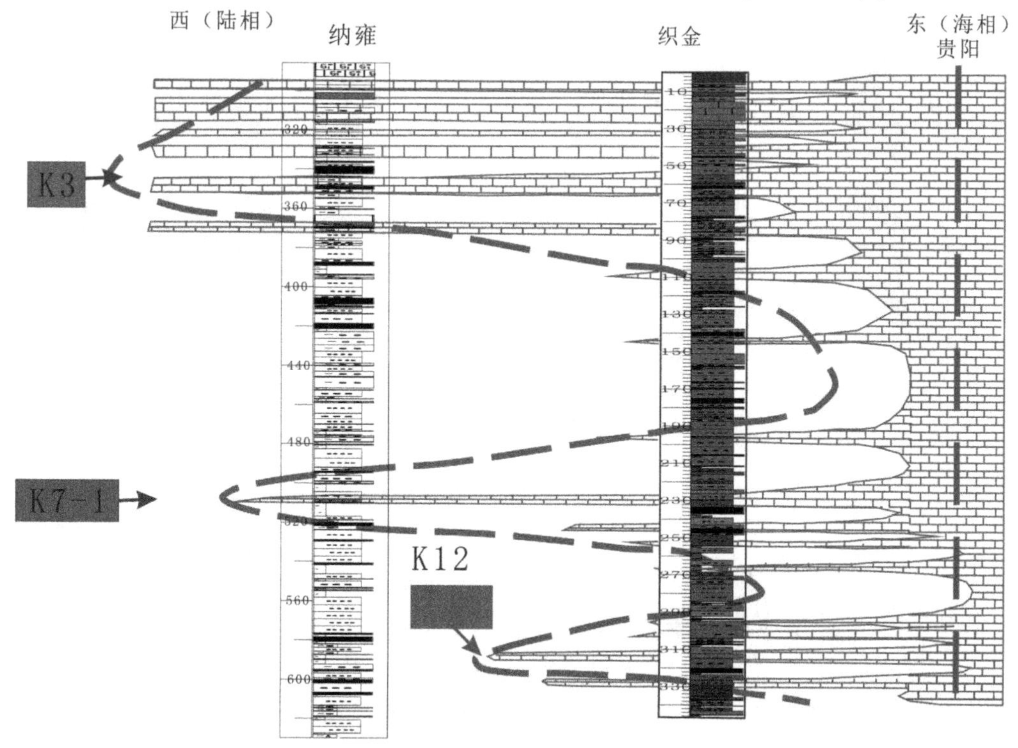

图 4-3　黔西北四级旋回界面识别灰岩标志层图（据邵龙义等，2003 修改）

2. 区域分布的厚煤层

研究区三角洲平原沉积中的一些大面积分布的巨厚煤层多是最大海（湖）泛期的沉积，在海平面上升达最大时，但海水又没有进侵到该位置，在地形平缓和碎屑注入较少的情况下，常发育大型三角洲间湾沼泽、河道间沼泽，从而发育了分布范围广泛厚度较大的煤层，也因此可以将这样的煤层出现位置确定为最大海泛位置，在实际操作中，可将其底面作为最大海泛面以区分其下的海侵时的沉积和其上的高水位期的沉积。大面积或盆地范围展布的厚煤层多是主要幕式聚煤作用的产物（邵龙义，2003）多代表海泛面沉积，而较小范围展布的煤层则是次一级幕式聚煤作用的产物，代表正常海泛面沉积。

3. 沉积旋回结构的反转

在其他很多情况下，尤其是在陆相或在滨海冲积平原背景中，向上变浅的准层序一般发育不好或在进行层序界面识别时难以辨认，沉积作用多以垂向或侧向加积为主，没有明显的进积和退积，也没有明显的标志性岩层，这时可通过地层序列的堆叠样式的变化加以判断。在岩相的叠加模式上一般是正反旋回的相互叠加，最大海泛面的位置就应当放在砂岩粒度转换的位置（图 4-4）。

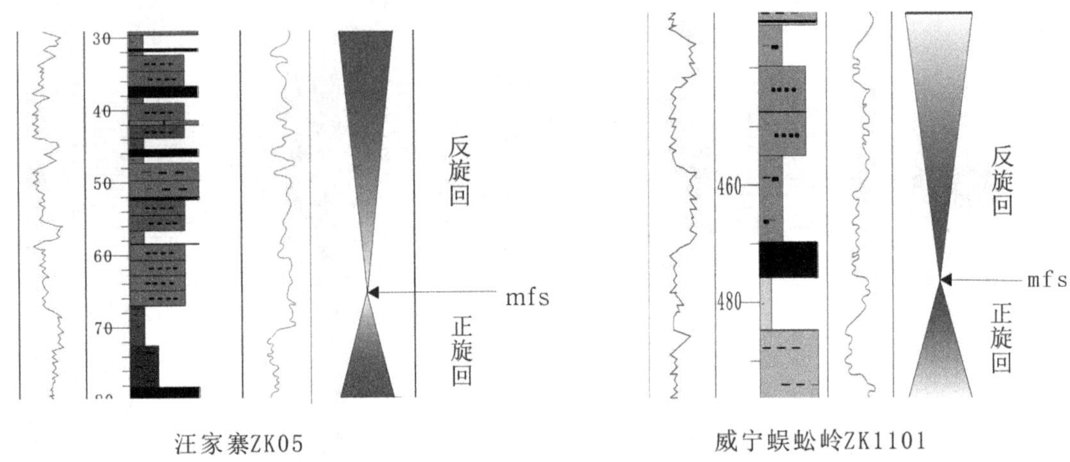

图 4-4　沉积旋回结构的转换识别最大海泛面示例

4.1.4　测井微相识别与模式建立

钻孔测井资料的应用始终与研究区等时层序地层格架的的建立联系在一起，在进行高分辨率地层格架建立及小层级地层对比精细地层划分过程中，测井资料是沉积微相识别基本资料。测井曲线信息解释沉积环境特征的基本原理是依据一组或多组能反映地层特征的测井曲线中提取各种测井信息（包括幅度大小、形态和接触关系特征等）来反映岩性（粒度、泥质含量等）、层理类型及以上所述特征的垂直序列的组合、厚度、顶底面接触关系等，这些特征在具体研究区、岩芯沉积特征及沉积相指示下，可建立起测井曲线的沉积微相的组合。在依据测井资料进行研究区微相沉积特征研究之前进行测井微相的判识和模式建立工作是先行工作。测井相类型与特征是通过测井曲线反映岩相的要素体现出来的，其主要包括曲线幅度、形态特征、顶底接触关系及形态组合方式等。其中：①曲线幅度及幅度差用以反映岩性特征，如岩性、粒度和泥质含量等；②形态特征用以反映垂向岩性组合特征，可分为钟形、箱形、漏斗形、指形、齿形和直线形等。③旋回幅度（或厚度）主要反映了单一曲线形态的垂向规模；④顶底接触关系则用于反映水动力变化速度；⑤光滑程度主要用以反映沉积时的水动力的强弱变化；⑥形态组合方式主要用以反映大段地层的总体沉积特征。通过对研究区多口井的测井曲线特征进行分析，并用岩芯相加以反演，总结以上各类测井相要素特征，并根据这些特征建立了研究区晚二叠世含煤岩系测井微相模式，各种微相测井响应特征如下（见图 4-5）。

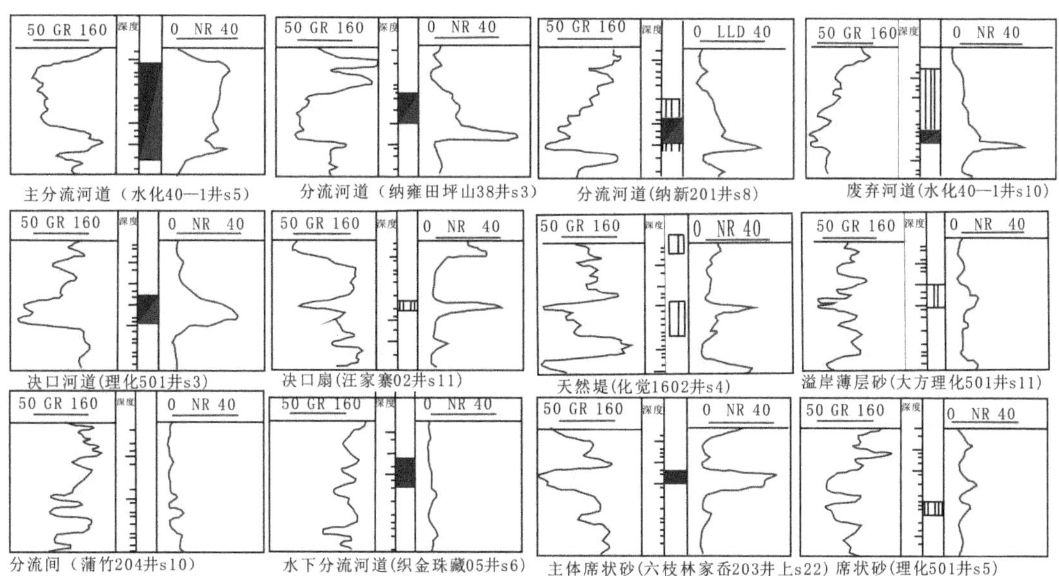

图 4-5　黔西北晚二叠世含煤岩系测井微相模式图

1. 三角洲分流平原亚相

（1）主要分流河道微相：总体为极高至高幅度差，厚箱形或厚齿化箱形或厚箱-钟形复合形，厚-特厚层，底部突变，顶部却呈渐变或突变特征。视电阻率为厚箱形或厚箱-钟形复合形；自然伽玛为厚箱形或厚箱-钟形复合形。箱型形态测井曲线中一般反映与顶底泥质层的接触关系；钟形形态测井曲线一般反映底为河谷的接触，顶反映与泥质层的接触。

（2）分流河道微相：总体为极高幅度、高幅差、典型的钟形（或箱形）、中厚层、底部表现为突变顶部则呈渐变形态、光滑-微齿测井相特征。视电阻率曲线为典型钟形，底部高幅突变、顶部渐-突变；自然伽玛曲线为典型钟形，中厚层，底部高幅突变、顶部渐-突变；总体反映分流河道在垂向上叠置的厚度不及主分流河道。

（3）小型决口河道微相：总体高幅（差）、扁钟形、中层、底突顶渐、光滑-微齿特征。双侧向电阻率曲线为中低幅度，扁钟形、中层、底突顶渐、光滑至微齿特征；自然伽玛曲线为典型的扁钟形、中层、底突变顶渐变、光滑至微齿特征。总体反映决口河道不大规模的正粒序沉积特征。

（4）废弃分流河道微相：总体底部高幅、中上部中幅、长钟形、中厚层、底呈突变顶则为渐变、齿化或微齿化特征。双侧向电阻率曲线为长钟形、中厚层、底呈突变顶则为渐变、齿化或微齿化；自然伽玛曲线为长钟形、中厚层、底呈突变顶则为渐变、微齿化的特征。反映了河道因被废弃而无叠置现象的钟形沉积特征。

（5）天然堤微相：总体中低幅、（齿化）箱形、中层、顶底突至渐变、齿化特征明显。双侧向电阻率曲线为中低幅、（齿化）箱形、中层、顶底突变至渐变、齿化特征；自然伽玛曲线为中低幅、（齿化）箱形、中层。反映河道漫流沉积多次叠加的沉积特征。

（6）决口扇微相：中幅、极扁钟形、极薄层、底顶呈突变至渐变特征，视电阻率值较低；自然伽玛曲线显示出极扁的钟形。总体反映出较小规模的正粒序的沉积特征。

（7）溢岸薄层砂微相：中幅、单指状或指状互层、极薄层、顶底突变特征一般不明显，反映出顶底接触无明显岩性变化特征的薄层沉积。

（8）分流间微相：最低幅、直线形或呈直接夹指形、厚层特征。总体反映出只有微若岩性变化的沉积特征。

2. 三角洲前缘亚相

（1）水下分流河道微相：总体为极高幅度、高幅差，典型钟形（或箱形）；中厚层，底部突变、顶部则为渐变形态，光滑至微齿测井相特征。双侧向电阻率为典型钟形，底部高幅突变、顶部渐至突变。自然伽玛为典型钟形。总体反映水下分流河道的低程度侧向迁移沉积的正粒序沉积特征。

（2）主体席状砂微相：高幅、极扁漏斗或单指或极扁钟形，薄层、顶底呈突变形态特征。自然伽玛曲线为单指或极扁漏斗形，总体反映出席状砂在横向上的迁移及底部岩性接触显示突变情况的沉积特征。

（3）席状砂微相：中幅、单指或极扁漏斗或极扁钟形、极薄–薄层特征。自然伽玛曲线为极扁漏斗形或单指，总体反映出席状砂的横向迁移及底部岩性接触显示突变情况的较小规模的沉积特征。

（4）水下分流间微相：最低幅、直接夹指形或直线形、厚层特征。总体反映出无明显岩性接触变化的沉积特征组合。

3. 前三角洲亚相

以大段或厚层极低幅、直线夹少量低而薄指形或直线为特征。总体反映出无岩性接触变化的沉积特征。

4. 测井微相模式有关问题分析

在测井曲线的解释中由于岩芯自身反映的相特征信息比测井资料所提供的相特征信息丰富，则在某种程度上产生了测井微相模式的“一相多样性 ”和“一形多解性”。

（1）“一相多样性”。“一相多样性”即同一微相可能表现几种甚至多种测井曲线形态样式。这可由多种原因引起，应在进行测井曲线研究时分析，如水下分流河道属于典型的钟形形态，倘若水下分流切叠在一个反韵律的河口坝上就变成上钟形下漏斗形的复合体。另一方面，在同一微相内不同部位实际显示不同的特征，如近岸水下分流河道与其远岸将尖灭部位在形态上就有较大的不同，近岸测井曲线呈比较典型的漏斗形，而远岸即将尖灭的部位呈薄的直线形或者指状形。此是“一相多样性”是在进行测井曲线分析时的客观存在的。

（2）“一形多解性”。“一形多解性”即同一测井曲线单从测井曲线分析可能出现多种微相解释。如高幅、钟形，可解释为与河道有关的为河道亚相，譬如可解释为分流河道微相或水下河道微相；漏斗形、中层、高幅、顶突变底则显示出渐变的特征，可解释为远砂坝沉积微相，也可以解释为河口坝主体沉积微相。在实际工作中如何解释这一问题，首先应确定所取的少量岩芯井的小层亚相类型甚至亚相中的沉积区类型分布格架，如是三角洲前缘亚相水下分流间湾，这时应解释水下分流间湾，而不是间湾沉积；其次，当井网密度比较大时，在研究区平面上可利用微相的平面变化以及相邻微相的组合特征，再次，在垂相由于上下小层微相类型密切相关，因此可利用上下层微相演化确定；最后，通过该小层的单砂体形态确定，因为水下分流间湾与分流间湾沉积体的形态与展布是很不相同的，但这个微小的区别在实际工作中较难识别，由此可消除“一形多解”而准确确定微相类型。

4.2 含煤岩系地层测井曲线特征

对研究区晚二叠世含煤岩系地层测井从常规测井及井温等方面总结出研究区晚二叠世含煤岩系地层地球物理参数特征。

4.2.1 岩性地球物理特征

1. 煤、岩层的地球物理特征

研究区煤层主要处于炼焦煤与无烟煤分布区煤层 NR、GG 曲线常为一组对应的高幅值异常，相对于围岩呈突峰状形态反映，视电阻率值视煤质的差异而变化，一般在 80R1900Ω · m 之间；GG 曲线相对围岩呈突峰箱型状反映，密度值为 1.10R1.78g/cm^3。GR 曲线常为低幅值异常，相对于围岩呈低凹状形态反映，含煤岩系煤层的定性和定厚主要以 NR，GG 曲线特征进行判定。

2. （粉砂质）黏土岩、页岩的地球物理特征

NR 曲线常为低平幅值异常，呈齿状形态反映，局部有突变，当岩石中含有粉砂质时，其幅值略有增高，视电阻率值一般在 5R330Ω · m 之间变化；GR 曲线常为低中幅值异常，呈波浪形态反映，当岩石松散破碎时，其幅值有突变增高现象，密度值一般为 1.85R2.25g/cm^3；GR 曲线常为中高幅值异常，呈相连的高低峰状或箱形状反映。

3. （泥质）粉砂岩、细砂岩的地球物理特征

NR 曲线常为低中幅值异常，呈低矮山峰状形态反映，当砂岩中含有泥质成分时，其幅值有所降低，视电阻率值一般在 30R800Ω · m 之间变化；GG 曲线常为低幅值异常，呈踞齿状形态反应，当岩石胶结物松散破碎、孔隙度大时，其幅值略有增高，密度值为

1. 21R2. 08g/cm^3；GR 曲线常为低幅值异常，呈小波浪状形态反映，当砂岩中含有泥质成分时，其幅值有所增高，其幅值 CPS 在 15R48 之间变化。

4. 凝灰岩的地球物理特征

NR 曲线常为低中幅值，局部呈低矮山峰状形态反映异常，泥质成分增加时，其幅值有所降低，视电阻率值一般在 80R200Ω · m 之间变化；GG 曲线常为低幅值异常，呈踞齿状形态反应，当岩石松散破碎、孔隙度大时，其幅值略有增高，密度值为1. 3R2. 00g/cm^3；GR 曲线幅值由上至下逐渐减小，呈小波浪状形态反映，其幅值 CPS 在 20R65 之间变化。

5. （泥质）灰岩的地球物理特征

NR 曲线常为中高幅值异常，呈山峰状或箱形状形态反映，当灰岩中的泥质成分含量增高时，其曲线幅值降低，即灰岩>泥质灰岩>泥灰岩，视阻率值在 150R2600Ω · m 之间变化，GG、NR 曲线幅值常为低中幅值异常，呈小波浪或小踞齿形状反映，密度值为 2. 30R2. 92g/cm^3。GR 曲线幅值 CPS 在 11R44 之间变化。

6. 岩性地球物理参数

研究区晚二叠世各段岩石由上至下大隆组（P_3d）、长兴组（P_3c）、龙潭组（P_3l）和茅口组（P_2m），其不同岩石地层的地球物理特征见表 4-1。

表 4-1　岩石地层地球物理特征

代号	岩　性	曲线形态一般特征	
		视阻率	自然伽玛
P_3d	泥岩、黏土岩等	低中高幅值相间异常，呈连峰状形态	低中幅值异常，由上至下基线逐渐变高，间夹有突峰状
P_3c	灰岩	高幅值异常	低幅值异常，呈小波浪起伏
P_3l	（泥质）灰岩、（炭质或粉砂质）黏岩、煤层、（泥质）粉砂岩、含黄铁矿黏土岩、凝灰岩等	低中高幅值相间异常，呈波浪形和突峰状形相连的丘陵状	中高幅值相间异常，呈波浪或箱形状，底部有突峰
$P_3\beta$	玄武岩	高幅值异常	低幅值异常，呈小波浪起伏
P_2m	灰岩等	高幅值异常	低幅值异常，呈小波浪起伏

黔西北晚二叠世主要的煤系地层［龙潭组（P_3l）］岩性的地球物理特征参数见表 4-2。

表 4–2　龙潭组（P_3l）地层岩性的地质—地球物理特征参数表

岩　性			煤	（泥质、泥）灰岩	（泥质）粉–细砂岩	（泥质、粉砂质）黏土岩、页岩	铁质黏土岩
参数值及曲线一般特征	视电阻率	Ω · m	80 ~ 1 900	150 ~ 2 600	30 ~ 800	5 ~ 430	40 ~ 100
		特征	中值	中–高值	中值	低值	低值
	自然伽玛	cps	12 ~ 45	11 ~ 44	15 ~ 48	17 ~ 50	80 ~ 300
		特征	低值	低值	中低值	中值	中–高值

4.2.2　煤、岩层定性特征解释

对黔西北所有物探测井的原始资料，均通过野外施工钻孔实测后，将采集的原始数据，输入测井软件处理程序中，进行深度校正、平差、编辑和计算处理后，绘制打印成测井曲线图，进行物探解释。在研究方法上，在对所测钻孔物探资料进行分析、定性和定厚的基础上，在同一张图上输入相应物性的岩石剖面图例，最终形成不同深度比例尺的地层剖面、煤层等物性曲线图。井田所测钻孔，均对主要含煤岩系地层作详细的岩性剖面解释，以更详细地了解研究区含煤岩系层序地层格架下煤界面特征。

1. 煤层的定性解释

煤层的定性主要采用 NR、GR 两种曲线，在对黔西北大方理化矿区钻孔 1 : 200 的综合曲线图上的同一深度位置，根据矿区煤层的地球物理特征，当 NR 曲线为一组相对的高幅值异常、对应的 GR 曲线为低幅值异常时，可定性为煤层转换界面。研究区个别地区煤层的 NR 曲线幅值形态与煤层顶、底板的围岩的曲线形态相似，差异不明显，在这种情况下可大体判定为煤层与顶底板围岩的沉积是属于相同的沉积环境下形成的灰岩，根据邵龙义提出的海相滞后时段成煤理论。在海侵期煤层滞后于碳酸盐岩形成这种成煤环境的 NR 曲线就表现为煤层与顶底板相似，而 GR 曲线形态特征差别较大。海侵性滞后时段成煤就可以依据 NR 曲线的煤层与顶底板相似，而 GR 曲线煤层与顶底板差别较大而判定。

2. 煤层、岩层的定厚解释

煤层的定厚解释是在定性解释后的基础上，采用 1 : 50 深度比例尺曲线，按不同的曲线解释原则确定。根据对黔西北晚二叠世钻孔曲线与岩芯的对比研究，认为 NR 曲线形态

幅值厚度≥40mm，解释点为拐点、曲线形态幅值厚度<40mm 的低矮层，则按幅值的 1/2～1/3 处划定。GR 曲线解释点按形态幅值的 1/3 处划定，当围岩为高伽玛值时解释点相应上移。其他各层位岩石厚度均在 1∶500 深度比例尺曲线上，可按上述原则确定。以上两种曲线参数各自的定厚深度出现误差值时，进行算术平均后，取其平均值为最终的深度值。

3. 标志层

在黔西北晚二叠世龙潭组煤层与灰岩共生，大范围厚的灰岩分布成为海侵的标志层，也是海侵成煤的标志。现取几段具有代表性的标志层做测井曲线分析。

（1）标志层 B1。即煤系地层（P_3l）上部的灰岩标志层。该标志层属长兴组（P_3c）的底部灰岩，底板与 M1 相连，该标志层 NR 曲线为高幅值异常，呈突峰状形态反映；GR 曲线常为低幅值异常。标志层曲线形态特征明显且稳定可靠，为进入煤系地层（P_3l）顶部的重要标志层之一。该标志层是识别四级层序的关键界面，其物性曲线形态特征如图 4-6 所示。

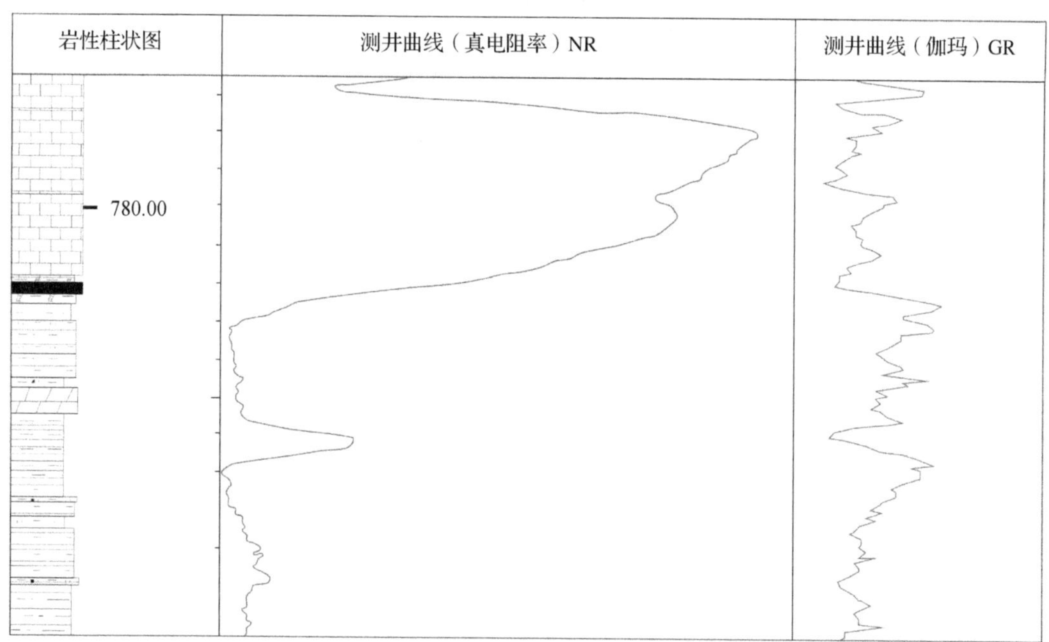

图 4-6　标志层 B1 测井曲线特征图（理化）

（2）标志层 B2。该标志层即 M7 煤层，B2 标志层 NR 曲线常为中高幅值异常；GR 曲线常为低幅值异常；其明显特征是 M7 煤层上部有一层 1m 左右的粉砂质泥岩，GR 的幅值明显高于其围岩，在研究区大方理化及纳雍坪山都表现较为稳定。该标志层曲线形态特征明显、且稳定可靠。该标志层是识别四级海侵体系域的关键界面，其物性曲线形态特征如图 4-7 所示。

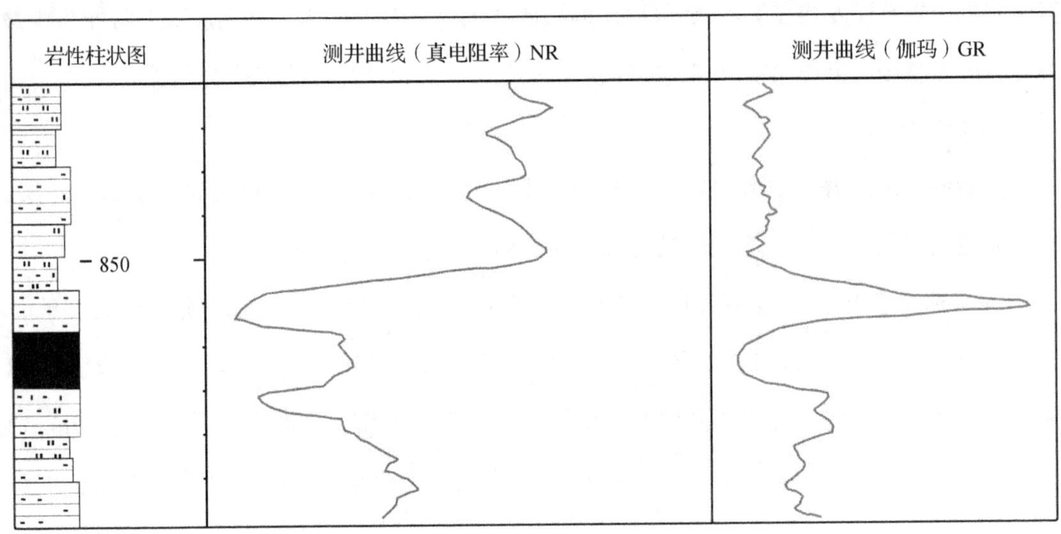

图 4-7　标志层 B2 测井曲线特征图（纳雍）

（3）标志层 B3。该标志层即 M12 煤层，上部是粉砂质泥岩。B3 标志层 NR 曲线常为高幅值异常；GR 曲线常为低幅值异常；该煤层分上下两层且上层大于下层，NR 曲线上部高于下部，GR 曲线上部低于下部，曲线特征明显，在研究区大方理化及纳雍坪山矿区个钻孔中稳定。其曲线形态特征如图 4-8 所示。

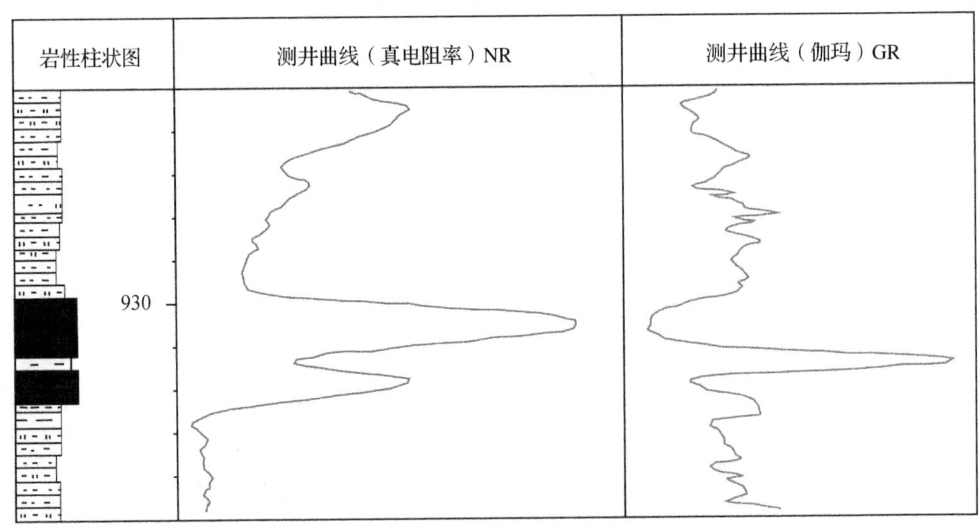

图 4-8　标志层 B3 测井曲线特征图（纳雍）

（4）标志层 B4。该标志层属（P_2m）顶部灰岩，钻孔施工到该层位标志着煤系地层被击穿。其 NR 曲线常为高幅值异常，呈凸峰状形态反映；GR 曲线常为低幅值异常，随灰岩中泥质成分的增减，曲线也随之有所起伏。在研究区的分布范围广泛，与上覆龙潭组地层呈区域不整合接触，该标志层曲线形态特征明显且稳定可靠，是（P_3l）结束的重要标志层。在本次研究中该界面作为三级层序的识别界面，也是本次研究的层序界面的底界面。其曲线形态特征详如图 4-9 所示。

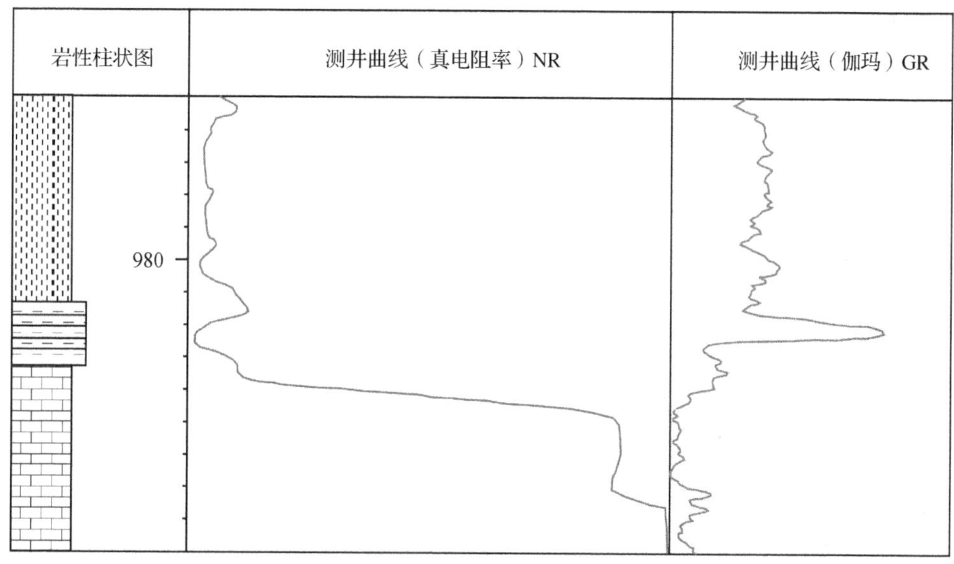

图 4-9　标志层 B4 测井曲线特征图（理化）

4. 煤层曲线的物性特征及对比分析

由于研究区的部分钻孔尚未击穿煤系地层，加之煤系地层内某些部位无明显的且稳定的标志层位，所以在煤层的对比分析时，主要根据各钻孔中煤层的空间位置和曲线特征及煤层结构，并结合地质综合分析等，选取研究区部分稳定煤层作对比分析。研究区主要相对稳定煤层的编号由上至下分为 M4，M6，M12，M16，可作为四级层序界面识别的主要标志层。各煤层的曲线特征在以下分别进行详细分析。

（1）研究区内 M4 煤层结构相对简单，但厚度变化大，有由西南向北东方向变薄的趋势。常为含 1 层夹矸或单一煤层。NR 曲线常为一组对应的高幅值异常，相对于围岩呈突峰状形态反映。NR 曲线幅值视煤质的差异而变化，一般在 70R300Ω · m 之间；GR 曲线常为低幅值异常，相对于围岩呈低凹状形态反映，GR 曲线幅值在 10～25CPS 之间变化。

该煤层顶底板常为粉砂质的泥岩、泥质类的粉砂岩等（NR 曲线相对为低幅值，GR 曲线相对为中幅值）。与煤层物性曲线有明显差异，煤层物性曲线形态特征明显，NR，GR 曲线界面清楚，易判定。M4 煤层厚度一般在 0. 35~4. 52m 之间变化（含夹矸），煤层的物性曲线形态特征选取（大方理化、纳雍坪山、织金珠藏、水城化乐）进行比较，详见图 4-10。

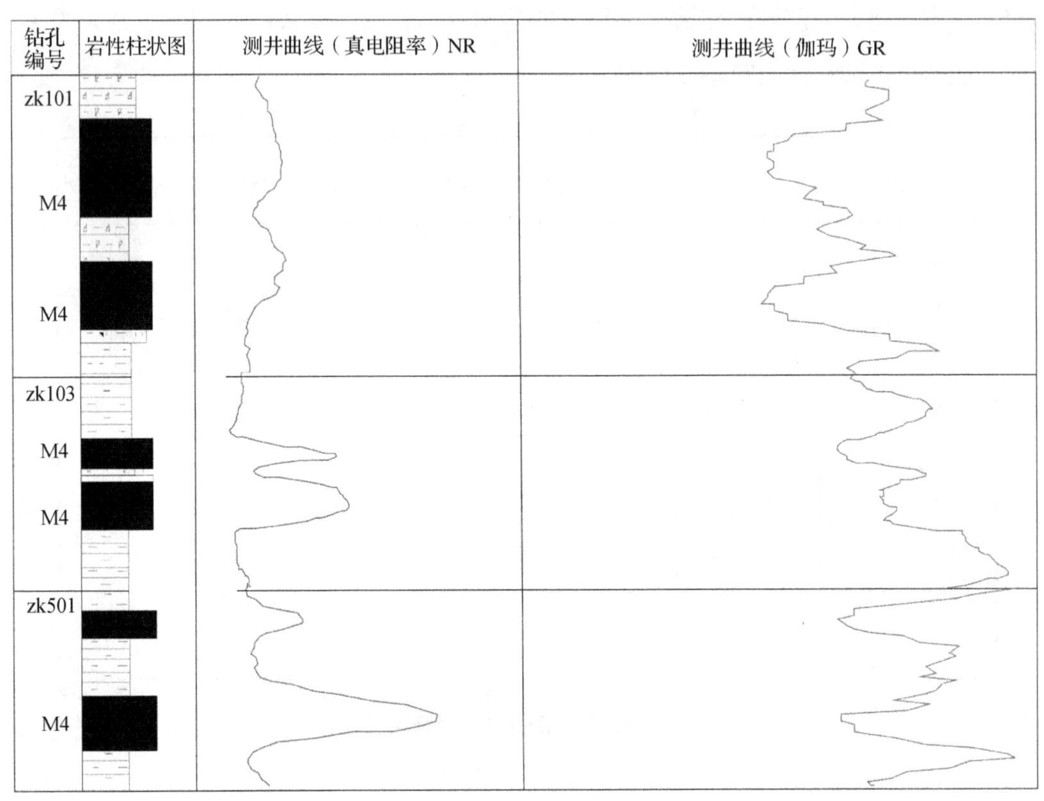

图 4-10　M4 煤层测井曲线特征图

（2）研究区 M6 煤层结构较复杂，有 1-2 层厚薄不等的夹矸存在。NR 曲线常为一组对应的中高幅值异常，相对于围岩呈突峰状形态反映。NR 曲线幅值视煤质的差异而变化，一般 70~270Ω · m 之间；GR 曲线常为低幅值异常，相对于围岩呈低凹状形态反映，曲线计数率值在 10R25 之间变化。该煤层顶底板常为粉砂质泥岩或泥质粉砂岩，（NR 曲线相对为低幅值，GR 曲线相对为中高幅值）与煤层物性曲线有明显差异，煤层物性曲线形态特征明显，曲线界面清楚，易判定，在研究区大方、纳雍和织金一带分布相对稳定。该煤层是识别四级层序界面的关键界面。煤层的物性曲线形态特征如图 4-11 所示。

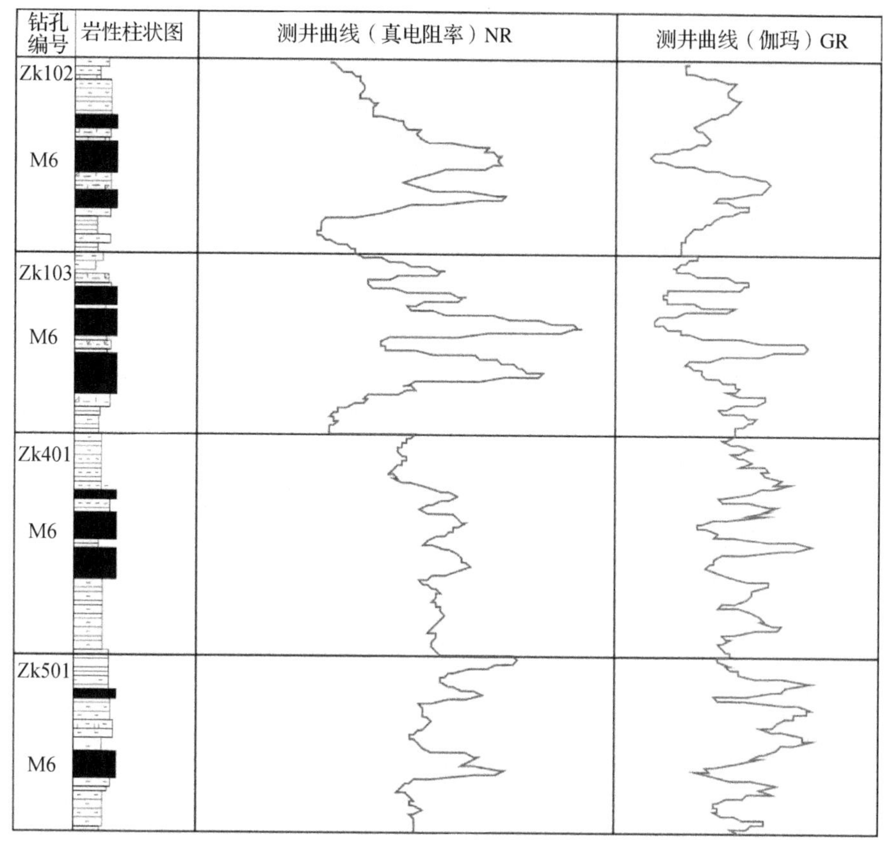

图 4-11　M6 煤层测井曲线特征图

（3）研究区内 M12 煤层一般含有一层厚薄不一的夹矸，上分层大于下分层。NR 曲线常为一组对应的高幅值异常，相对于围岩呈突峰状形态反映。NR 曲线一般呈双尖峰状，曲线幅值通常上部略高于下部，幅值大小视煤质的差异而变化，一般在 60R300Ω·m 之间；GR 曲线常为低幅值异常，相对于围岩呈低凹状形态反映，GR 计数率 CPS 值在 12R25 之间变化。该煤层顶、底板常为泥质粉砂岩或汾砂质泥岩（NR 曲线相对为低幅值 GR 曲线相对为中幅值，另该煤层夹矸的 GR 曲线相对于煤层有高幅值突变现象，也是 M12 物性特征之一）。与煤层物性曲线有明显差异，煤层物性曲线形态特征明显，界面清楚，易判定。该煤层是识别四级层序界面的关键界面。煤层的物性曲线形态特征如图 4-12 所示。

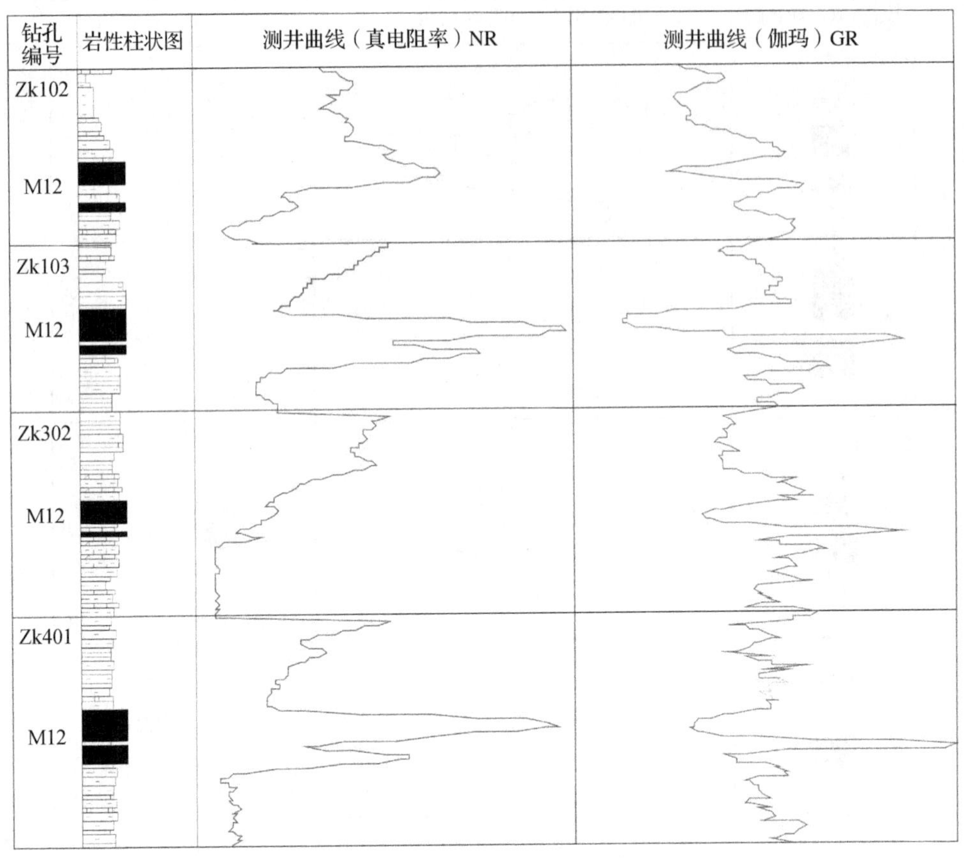

图 4-12　M12 煤层测井曲线特征图

（4）研究区内 M16 煤层结构复杂，煤层含有 3~4 层夹矸，NR 曲线常为一组对应多峰的高幅值异常，相对于围岩呈突峰状形态反映。NR 曲线幅值通常下部略高于上部，视电阻率值视煤质的差异而变化一般 80R650Ω · m 之间；GR 曲线常为低幅值异常，相对于围岩呈低凹状形态反映，一般幅值上部略高，下部较低，幅值值在 12R100CPS 之间变化。该煤层顶板常为含炭质泥岩、泥岩等，（NR 曲线相对为低幅值，GR 曲线相对为高幅值）物性曲线与煤层物有明显差异，煤层物性曲线形态特征明显，界面清楚，易判定，也是识别四级海侵体系域成煤的关键界面，煤层的物性曲线形态特征如图 4-13 所示。

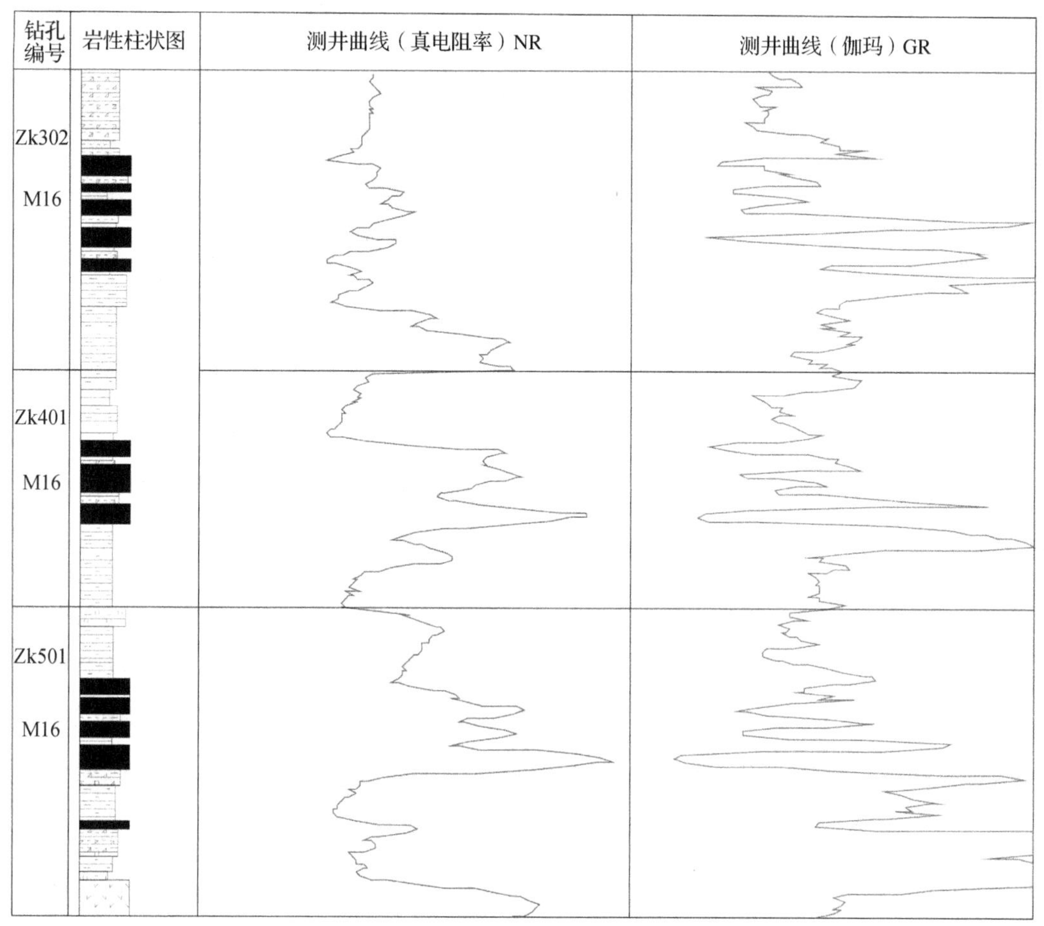

图 4-13　M16 煤层测井曲线特征图

4.3　重点剖面点（井）高分辨率层序地层分析

为研究黔西北二叠系晚二叠世含煤岩系的层序地层特征，在研究区选取了黔西北织金珠藏矿区钻孔、纳雍田坪山井田钻孔、水城化乐钻孔、威宁蜈蚣岭钻孔和桐梓花秋钻孔进行高分辨层序地层的剖析。对晚二叠世含煤岩系进行层序、层序组和复合层序的概念体系来剖析层序地层发育特征。

4.3.1　织金珠藏剖面高分辨率层序地层分析

1. 地层及沉积建造特征

织金珠藏二叠系晚二叠世地层发育较齐全。岩性：上统长兴及大隆组为灰岩、燧灰岩及粉砂岩；上统龙潭组（矿山主要含煤地层）与下覆峨眉山玄武岩呈不整合接触。岩性主要为砂岩、粉砂岩、泥岩、炭质泥岩、灰岩、夹煤层及煤线。与上覆地层三叠系飞仙关组呈整合接触。

从沉积环境来看。从下到上，沉积环境发生了由海陆过渡相的障壁性碎屑沿岸沉积组合到三角洲的沉积组合的转变。下部由潟湖、潮坪沉积环境的细砂岩、粉砂岩和菱铁质粉砂岩沉积组合构成。中部为主要下三角洲的为菱铁质砂岩、泥岩、团块状泥岩和细砂岩的沉积组合构成。上部为潮坪碳酸盐岩潮坪下的灰岩、灰色粉砂岩和泥岩的沉积组合构成。

2. 高分辨率层序地层分析

从沉积环境的演化及相变特征分析，以河道冲刷面和相转化面为黔西北晚二叠世内部的四级层序界面，在晚二叠世中划分出了 23 个四级层序或相当的准层序，组合为 7 个层序组、3 个复合层序（见图 4-14）。以下分述各复合层序的特征。

复合层序Ⅰ。主要包括茅口组上面的龙潭组下段的沉积地层。主要的沉积环境为潮坪、潟湖的沉积环境。由下至上为泥炭和由碳酸盐岩潮坪的沉积组合的四级海侵体系域。由障壁砂坝组合成的低位体系域，由泥炭沼泽、潟湖碳酸岩盐潮坪组合的海侵体系域。由这 3 个四级层序共同组构成第一个三级层序的海侵体系域。在这段三级海侵体系域构成上发育一段煤层，煤层上面为潟湖性碳酸盐岩潮坪沉积环境。第二段三级层序为高位体系域。由连续发育的潟湖、泥炭沼泽高位体系域构成。这段高位体系域只发育很薄的一层煤层。

复合层序Ⅱ。由低位体系域和海侵体系域两个体系域构成。三级的低位体系域由一个四级低位体系域构成。在这段沉积组合中主要识别出河道沉积的细砂岩，其沉积厚度也达到 9. 55m。说明这段沉积是由基准面下降导致的河道回春作用沉积。因基准面下降河道水动力增强。对下覆高位体系域的沉积产生冲刷侵蚀，在下切砂体与早期高位体系域形成冲刷侵蚀面的接触。该低位体系域上部发育大段的海侵体系域，也是龙潭组煤层最发育的一段层序组，共有 8 段煤层，其中最厚的煤层也处在该段，该三级海侵体系域由下至上由潮坪、沼泽、泥炭沼泽、潮坪、泥炭沼泽、碳酸盐岩潮坪、潟湖、泥炭沼泽、潮道、潮道、潮坪、泥炭沼泽、潮坪、泥炭沼泽、分流河道和泥炭沼泽 9 个四级体系域构成，说明在该三级海侵体系域内四级基准面的波动是频发的，也在一定程度上说明了在海陆过渡相的沉积环境中，频繁的海陆交锋有利煤层的形成，另外该段低位体系域不发育。有几次海泛面发育，利于煤层的形成。

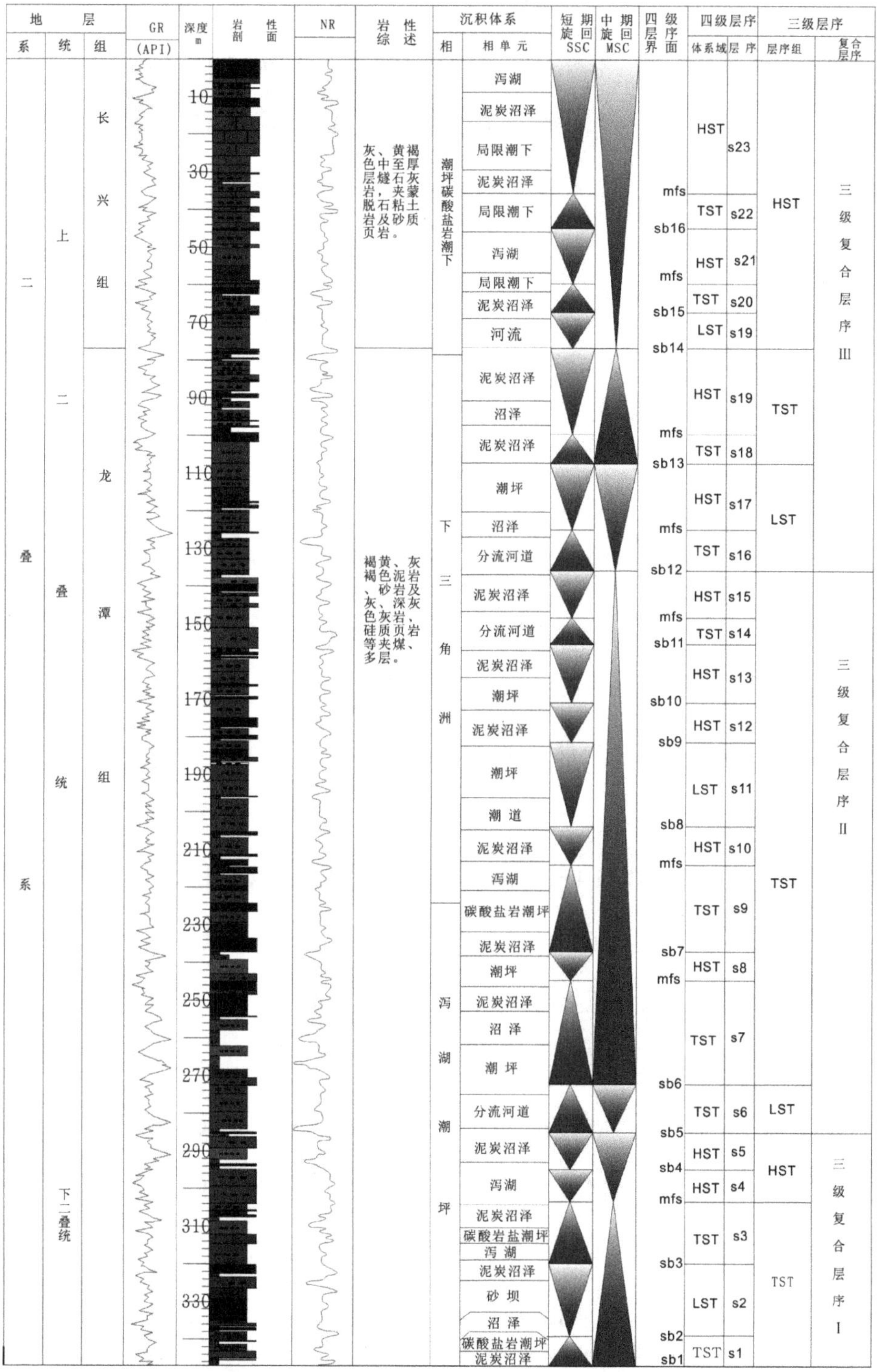

图 4-14　织金珠藏 ZKO5 晚二叠世层序地层综合柱状图

复合层序Ⅲ。该段三级复合层序发育完整，三级低位体系域由海侵体系域高位体系域构成。发育分流河道、沼泽、潮坪沉积相。第二段三级层序为海侵体系域构成，该段海侵体系域由四级的海侵体系域和高位体系与构成。主要由沼泽、泥炭沼泽沉积相构成。三级层序的高位体系域主要由低位体系域、海侵体系域、高位体系域、海侵体系域和高位体系域构成。其沉积相主要为河流、泥炭沼泽、局限潮下、潟湖、局限潮下、泥炭沼泽和潟湖的沉积环境构成。该段沉积属于长兴期的沉积，煤层只在海侵体系域发育。

4.3.2 水城汪家寨04钻孔高分辨层序地层分析

1. 地层及沉积特征

水城汪家寨钻孔的晚二叠世龙潭组、汪家寨组地层总厚度为226m，包括龙潭组地层厚度（160m）、汪家寨组地层厚度（66m）。龙潭组地层直接覆盖在峨眉山玄武岩之上，与峨眉山玄武岩呈不整合接触，长兴组地层与上覆三叠系飞仙关组地层呈整合接触。水城汪家寨剖面下段主要发育上三角洲平原沉积，其主要的亚环境沉积为分支河道、河漫沼泽、河漫滩和天然堤沉积为主。上段主要发育下三角洲平原环境沉积。沉积亚环境主要为河漫滩、天然堤、河漫沼泽、潮坪、潟湖沉积。龙潭组下段地层主要以灰、黄灰、黄褐色泥岩、砂岩沉积为主，夹菱铁矿、炭质页岩及少量余层、产植物化石。汪家寨组地层主要以灰、黄灰色页岩、砂岩及砂质页岩、夹泥灰岩透镜体构成。

2. 高分辨率层序地层分析

通过对水城汪家寨二叠系晚二叠世的沉积环境转化分析，根据其顶部与三叠系飞仙关组、底部与峨眉山玄武岩的的区域性不整合面以及地层沉积内部环境的转换面、河道冲刷面、古土壤层、砂泥互层的叠置样式等四级界面及三级界面标示，可将水城汪家寨二叠系晚二叠世划分为19个四级层序或相当的准层序（S1~S19），19个四级层序可以组合成7个三级层序组和3个三级复合层序（见图4-15）。以三级复合层序为单位分述其层序地层特征如下。

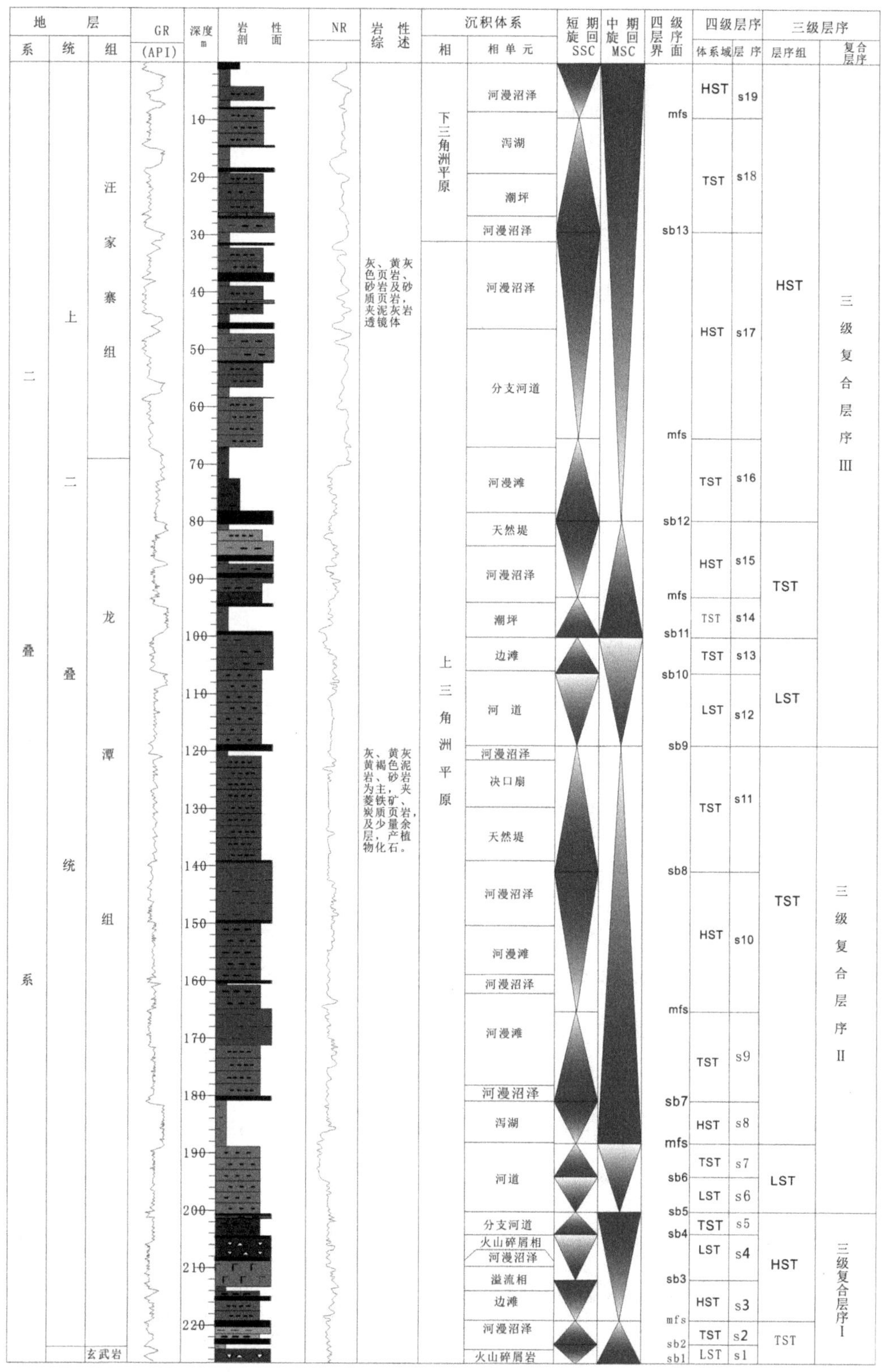

图 4-15　水城汪家寨 ZK03 晚二叠世地层综合柱状图

复合层序Ⅰ。三级复合层序Ⅰ 由5个四级层序（S1~S5）构成，在汪家寨剖面上由夹火山碎屑岩相及峨眉山玄武岩相的构成河漫沼泽、河道、潟湖的上三角洲平原环境沉积组合，累计厚度29m。主要岩性为粉砂岩、细砂岩、煤及火山碎屑岩及火山溢流岩体，主要沉积环境为上三角洲的河流沼泽、边滩、分支河道、组合，有数层火山岩。本层序底界为一中厚层状绿灰色火山角砾岩。属于二叠系晚二叠世与下二叠统的分界线，也是划分三级与四级层序界面的标志界面。本复合层序Ⅰ的低位层序组由含火山碎屑岩屑的低位层序S1与发育河漫沼泽的海侵体系域S2两个四级层序组成，累计厚度6m，岩性为凝灰质火山角砾岩和沼泽相泥岩。该层序高位体系域不发育，复合层序厚度不大，但四级海侵体系域发育，故煤层较发育。本复合层序的海侵体系域由四级的高位体系域低位体系域和海侵体系域构成，该层序组由四级层序S3+5构成，累计厚度14.5m。下部的煤层、黏土岩、粉砂岩等构成了高位体系域，其中粉砂岩具波状层理、小型槽状交错层理，为分支河道沉积环境。高位体系域沉积以中-细砂岩为主，并含一较薄煤层，砂岩中具大型板状交错层理，为河流相边滩沉积，显示在这一时期河流作用有所加强。本层序在火山溢流相上发育了海侵体系域的河漫沼泽，是一个有利的成煤段，形成了两段煤层，其中第二段煤层为高位体系域的开始。缺乏灰岩层，可以推测是属于火山溢流发育区的原因。该层序组上部的四级海侵层序组由S5构成，本层序岩性主要为细砂岩、火山角砾岩等，砂岩中具板状交错层理，沉积环境仍然以河道为主。基本为河道砂岩和火山碎屑岩构成的海侵体系域，并形成了一段煤，但厚度较薄，其中煤层顶部直接与上部复合层序层序Ⅱ 的下切谷砂体接触，并见冲刷面，推测已有部分地层被冲蚀。

复合层序Ⅱ 分析。层序Ⅱ 包括6个四级层序（S6~S11），累计厚度为75m。本层序仍然属于上三角洲平原沉积背景形成，主要岩性为粉砂岩、泥质粉砂岩、泥岩、煤层及部分黏土岩，主要沉积环境为河道、潟湖、天然堤、决口扇、河漫滩、河漫沼泽等。本层序底界为达9.55m的厚层下切谷叠置砂体。

低位层序组，该层序组由四级层序S6~S7构成，累计厚度11m，该层序组由四级低位体系域和海侵体系域构成，没有高位体系域发育，本层为典型的厚层河流下切谷砂体，在下切谷砂体之上发育时又有弱的海侵体系域发育。砂体岩性主要为灰绿色、长石中粒砂岩，成分以斜长石为主，含少量玄武岩屑、石英、辉石和绿泥石等，见大型板状交错层理，底部见冲刷面，没有煤层发育。该层序底部直接与下伏的S5顶部的煤层呈冲刷接触，构成了三级复合层序Ⅰ和三级复合层序Ⅱ的界面。这种低位层序组的结构在本地区是比较典型的。

海侵层序组该层序组由4个四级层序S8+11构成，累计厚度68m，该层序体系域结构不完整，低位体系域不发育，岩性主要为粉砂、泥岩和黏土岩，具波状层理和水平层理，并含三层煤夹薄层的鲕状粘土岩和粉砂岩，在层序顶部形成较厚煤层。主要沉积环境为潟湖、河漫沼泽和河漫滩。其中上部以天然堤和决口扇为主的粉砂岩、黏土岩组合构成了高位体系域。具小型波状层理、槽状交错层理。由于本层序组上部煤层直接与上覆的四级层序S12的低位体系域下切谷砂体接触，且接触面见冲刷痕迹，所以推测煤层及上部部分地层已被冲蚀掉。

复合层序Ⅲ分析。复合层序Ⅲ包括8个四级层序（S12~S19），累计厚度120m，是本剖面中厚度最大的层序。本层序基本仍属于上三角洲平原环境，但顶部约有20m属于下三角洲平原环境。主要岩性为砂岩、粉砂岩、泥质粉砂岩、煤及黏土岩等，主要沉积环境为边滩、分支河道、天然堤、决口扇、泥炭沼泽、潟湖及潮坪等。

低位层序组，该层序组由2四级层序S12与S13构成，累计厚度17.31m。该层序组高位体系域不发育，下部的厚层河道砂体为典型的下切谷充填沉积，岩性主要为绿灰色中细粒长石砂岩，砂岩分选、磨圆差，成分以长石为主，次为玄武岩屑，具大型板状交错层理及大型槽状交错层理，含植物化石碎片，底部见明显的河道冲刷面，构成了三级复合层序Ⅲ和层序Ⅱ的分界线。上部为泥质粉砂岩和粉砂岩，具交错层理，为边滩环境，组成了海侵体系域沉积。

海侵层序组。该层序组由S14与S15两个四级层序构成，累计厚度22m，该层序低位体系域不发育，下部海侵体系域岩性以鲕状泥岩、黏土岩为主，发育两段主要煤层，沉积环境主要为河漫滩、沼泽。上部高位体系域岩性以粉砂岩、泥质粉砂岩及黏土岩为主，砂岩中具小型波状层理、槽状交错层理和板状交错层理等，沉积环境以决口扇、天然堤及部分小型河道为主。

高位层序组。该层序组由S17~S19两个四级层序构成，累计厚度84m，层序S16、S17位于高位层序组的下部，仍属于上三角洲平原环境，包括河道、沼泽和天然堤等，低位体系域不发育，煤层为本区最厚的主采煤层，被作为海侵体系域的开始，煤层上覆一层粉砂质泥岩，具小的波状层理和水平层理，为细粒的河漫滩沉积。高位体系域岩性以细砂岩和粉砂岩为主，具板状交错层理、槽状交错层理等，并发育两层薄煤层，沉积环境主要为小型的河道及天然堤。层 S19 位于高位层序组的顶部，已经属于下三角洲平原环境，有一定数量的泥质灰岩形成，并见部分海相动物化石，主要为腹足类和瓣鳃类，低位体系域不发育。海侵体系域以煤层开始，其上形成的泥质灰岩作为该四级层序中的最大海泛面，在此之上的高位体系域中，尚有本区另外一套主采煤层煤层形成。

4.3.3 威宁蜈蚣岭矿区 01 钻孔高分辨率层序地层分析

1. 地层及沉积特征

威宁蜈蚣岭矿区 01 钻孔从下到上共遇晚二叠世峨眉山玄武岩组、宣威组。地层总厚度为 513m。揭露的峨眉山玄武岩组地层厚度为 8m，岩性为灰绿色致密块状玄武岩，具气孔构造，顶部为紫红色或灰绿色凝灰岩及凝灰质黏土岩。晚二叠世宣威组（P_3x）为本区的煤系地层。岩性为灰色、灰绿色砂岩、粉砂岩，深灰色泥质粉砂岩、粉砂质泥岩、泥岩、黏土岩和煤层。产大羽羊齿植物群。含煤 12~20 层，其中可采煤层 10 层。宣威组地层直接覆盖在峨眉山玄武岩之上，与峨眉山玄武岩呈不整合接触，该不整合接触面是区域三级层序界面的识别界面，宣威组与上覆地层飞仙关组的接触面成为晚二叠世上界三级层序界面的识别面。威宁蜈蚣岭矿区 01 钻孔地层全段发育上三角洲沉积，主要的沉积亚环境为河漫滩、天然堤、决口扇、河漫沼泽和分支河道构成。

2. 高分辨率层序地层分析

与黔西北织金珠藏及水城汪家寨的地层相比，威宁蜈蚣岭地层特征与其差别较大，宣威组地层主要为陆相沉积为主。无障壁砂坝沉积，也无潟湖环境沉积，在长兴期的大规模海侵也没影响到威宁蜈蚣岭矿区。故威宁矿区在研究区的地层主要为上三角洲的沉积，沉积主要受河流控制。在威宁蜈蚣岭矿 01 钻孔主依据区域不整合面，和内部的沉积转换面共划分了三个三级复合层序（见图 4-16），共识别出 17 个四级层序（S1~S17）。以下就对三个三级复合层序分别叙述其特征。

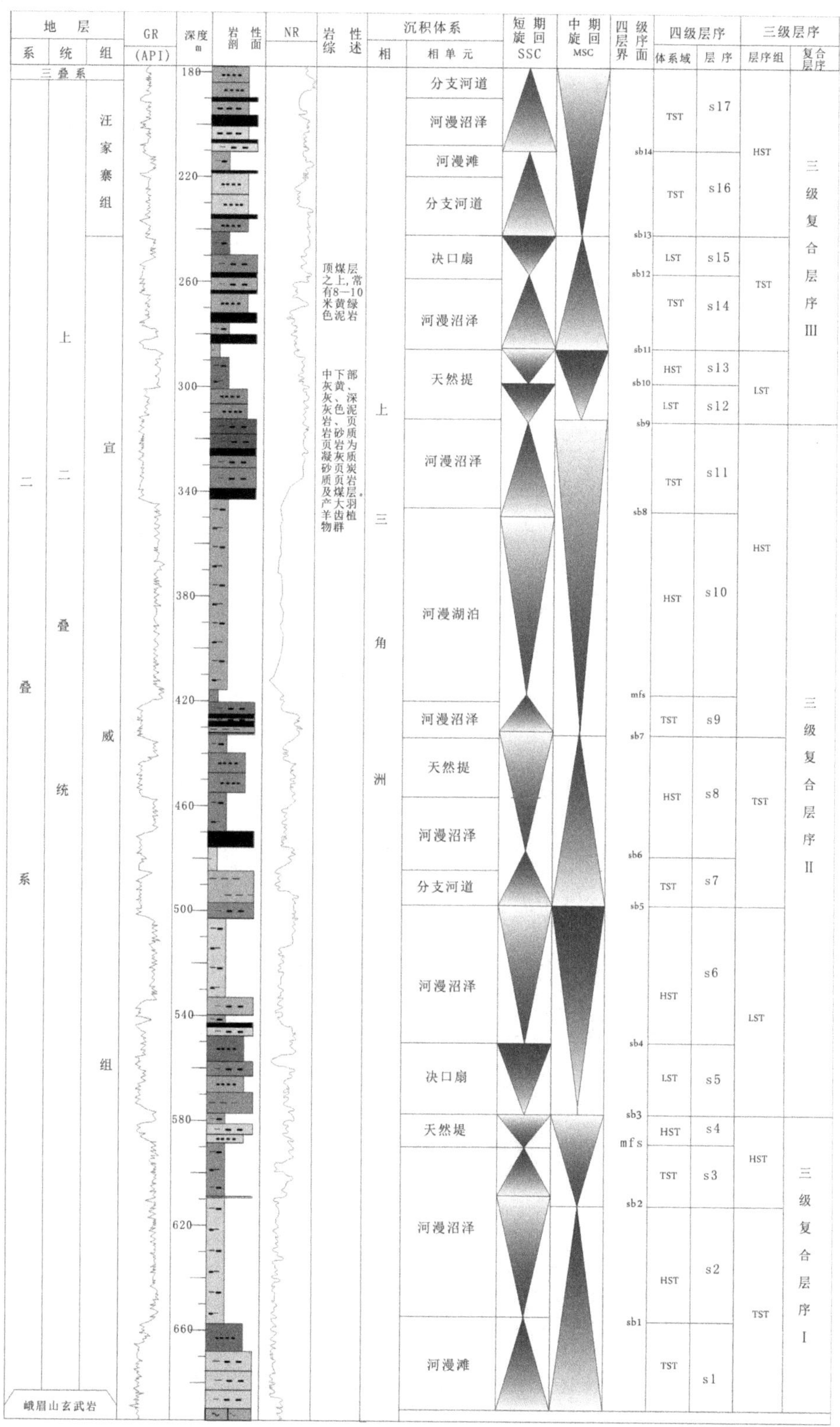

图 4-16　威宁蜈蚣岭 ZK1101 晚二叠世综合柱状图

复合层序Ⅰ。三级复合层序Ⅰ由一个海侵层序组和一个高位层序组组成。由四级层序S1~S4构成，总厚度为110m。

海侵层序组。由一个四级海侵体系域和一个高位体系域构成。四级的海侵体系域S1主要是属于河漫滩的沉积环境。厚度为30m，底部沉积发育了浅灰绿色薄至中厚层状泥质粉砂岩与粘土岩呈韵律状互层，产植物化石碎片，底部裂隙发育，见少量灰黑色炭质泥岩。与下覆紫红色中厚层状凝灰岩呈不整合接触。该四级海侵体系域上部发育了浅灰色中厚层状细砂岩，夹黑色泥质条带，产植物化石碎片。四级高位体系域S2属于河漫沼泽沉积，沉积厚度为54m，底部发育灰色薄至中厚层状粉砂质泥岩，含结核状菱铁矿，显水平层理，产植物化石碎片。中上部均沉积了灰色薄至中厚层状粉砂质泥岩，产植物化石碎片，夹薄层泥质煤层。顶部沉积薄层灰黑色炭质泥岩。该段海侵层序组煤层不发育，植物化石碎片较多。煤层不发育，推测原因是水位相对较低，还没达到较好的泥炭沼泽环境。

高位层序组。高位层序组由一个四级的海侵体系域和一个高位体系域构成。总厚为35m，其中四级海侵体系域厚度为25m，高位体系域厚度为10m。海侵体系域主要发育河漫沼泽沉积。高位体系域主要发育天然堤沉积。海侵体系域主要发育灰色至中厚层状粉砂岩，显水平层理，产植物化石碎片。上部高位体系域发育灰色薄至中厚层状泥质粉砂岩，产植物化石碎片，夹薄层黑色炭质泥岩。为天然堤沉积。

复合层序Ⅱ。复合层序Ⅱ由低位层序组、海侵层序组、高位层序组构成，总厚度为260m。由四级层序S5~S11构成。是威宁蜈蚣岭矿区的主要沉积段，该段煤层较发育。河漫沼泽及河漫湖泊是主要的沉积体系。低位层序组由一个四级的低位体系域和一个高位体系域构成。主要为决口扇、河漫沼泽沉积。其厚度为80m。海侵层序组由一个四级的低位体系域和一个高位体系域构成。其主要为分支河道、河漫沼泽及天然堤沉积。沉积厚度为70m。高位层序组由一个低位体系域、一个高位体系域及一个海侵体系域构成。其主要为河漫湖泊及河漫沼泽沉积。沉积厚度为110m。

低位层序组。低位层序组由一个四级低位体系域和一个高位体系域构成。主要沉积了分支河道、河漫沼泽、天然提。低位体系域沉积浅灰色中厚层状细砂岩，裂隙较发育，裂隙中充填有方解石脉。沉积厚度为20m。下伏中厚层状泥质粉砂岩见有冲刷痕迹，为低位期，基准面下降，河流回春作用的结果。高位体系域主要发育河漫沼泽和天然堤沉积，沉积厚度为60m。下部主要沉积灰色薄至中厚层状泥质粉砂岩、灰色黏土岩，产植物化石碎片。中部沉积灰色薄至中厚层状泥质粉砂岩，产植物化石碎片，上部沉积灰色薄至中厚层状泥质粉砂岩，顶部夹薄煤层。

海侵层序组。海侵层序组为一四级海侵体系域和高位体系域构成。海侵体系域的沉积厚度为25m。下部主要沉积了浅灰色黏土岩，中含大量鲕状菱铁矿，上部沉积了灰黑色炭质泥岩。高位体系域在海侵层序组Ⅱ中沉积的厚度较大，达到了45m，主要发育了河漫沼泽沉积和天然提沉积。在下伏海侵体系域与高位体系域的转折处的发育的最大海泛面最有利厚煤层的形成。在该处发育了厚2.53m的优质厚煤层。高位体系域下部主要沉积了灰色薄至中厚状粉砂质泥岩，中产植物化石碎片。上部主要沉积灰色薄至中厚层状细砂岩，夹深灰色泥质条带，显水平层理。

高位层序组。高位层序组由一个四级海侵体系域、高位体系域和一个海侵体系域构成。海侵体系域主要发育河漫沼泽和河漫湖泊沉积，沉积厚度为15m，主要沉积了灰色薄至中厚层状粉砂质泥岩，顶部夹灰色黏土岩。在海侵体系域的顶部的最大海泛面最有利煤层的形成。在最大海泛面处发育三层较好的煤层，上部煤层发育了灰色薄至中厚层状泥质粉砂岩。高位体系域主要发育了灰色薄至中厚层状粉砂质泥岩，中见少量植物化石碎片。顶部夹薄层灰色黏土岩。

复合层序Ⅲ。复合层序Ⅲ由低位层序组、海侵层序组和高位层序组构成。总厚度为140m，其中低位层序组沉积厚度为22m，海侵层序组沉积厚度为38m，高位层序组沉积厚度为80m。由四级层序S12~S17构成。主要的沉积环境为天然堤、河漫沼泽、决口扇、分支河道沉积。

低位层序组。低位层序组由一个低位体系域和一个高位体系域构成。其中低位体系域的沉积厚度为14m，主要为天然堤沉积。发育浅灰色中厚层状细砂岩，顶部为薄层黏土岩。高位体系域发育沉积厚度为8m，发育灰色薄至中厚层状粉砂质泥岩，显水平层理，顶部夹薄层黏土岩。

海侵层序组。海侵层序组由一个海侵体系域和一个低位体系域构成。总的沉积厚度为38m，其中海侵体系域沉积厚度为28m，主要为河漫沼泽沉积和决口扇沉积。该段海侵体系域发育了多层厚煤层，是有利的成煤段。海侵体系域下不发育灰黑色高炭质泥岩，顶部夹薄层灰色泥质粉砂岩。上部沉积为灰色中厚层状细砂岩，顶部夹灰色黏土岩。反映在海侵期，大面积的湿地范围及有利的温湿程度宜于促成泥炭沼泽的形成，进而成为了厚煤层的有利成煤地段。

高位层序组。高位层序组由两个连续发育的海侵体系域构成。高位体系域不发育，主要是在长兴期，大规模的连续海侵，使得威宁蜈蚣岭地区的海侵不断扩大，连续的海侵有利煤层的形成。沉积总厚度为80m。第一个海侵体系域主要为分支河道及河漫滩沉积组合。沉积厚度为45m。分支河道的沉积环境沉积了浅灰、灰绿色中厚层状细砂岩，中见少量泥质及炭质残屑组成的微细条带，显水平层理及微波状层理。上部继续发育海侵体系域，成为有利煤层形成的海侵体系域。在该段高位体系域不发育，在长兴期大规模的海侵，使得刚完成的海侵准备进入高位体系域沉积，海侵的继续使得高位不发育，而继续发育了海侵体系域。这段海侵体系域是有利的成煤地段。沉积了两段较厚的煤层。煤层底板为灰色薄至中厚状粉砂质泥岩，上部顶板发育灰绿色中厚层状细砂岩。

4.3.4 金沙白坪102钻孔高分辨率层序地层分析

1. 地层及沉积特征

金沙白坪地区的地层在上二叠世的地层与水城汪家寨和威宁蜈蚣岭的地层差别较大。金沙白坪钻孔揭露地层由老至新有二叠系下统茅口组、二叠系上统龙潭组、二叠系上统长兴组灰岩及二叠系中统茅口组灰岩，其岩性为，浅灰色、灰白色中厚层至巨厚层状细晶至粗晶石灰岩，顶部为灰色薄层至中厚层状硅质石灰岩，层状及块状构造，产较丰富的腕足及蜓类动物化石，矿区内出露不全。

二叠系上统龙潭组由浅灰色、灰色、黑灰色、黑色细粒至粉砂粒砂岩、泥岩、泥灰岩、煤及石灰岩等组成，底部为硫铁矿黏土岩，主要分布矿区东部，与下覆地层茅口组灰岩呈区域不整合接触，是三级层序界面的识别面。该层为本区含煤地层。产丰富的蕨类植物化石及腕足类动物化石，厚约 160m。二叠系上统长兴组灰色、深灰色中厚层状至厚层状细晶至中晶石灰岩断续燧石结核、团块及条带。产较丰富的较大个体海相生物化石。厚度为 50m 左右，与下伏地层龙潭组呈整合接触。在晚二叠世，金沙白坪的沉积环境主要处于障壁砂坝及潟湖、下三角洲即碳酸盐岩的沉积环境，砂的含量大于周围地区。在龙潭早期沉积环境为潟湖潮坪沉积，中心地带障壁砂坝较发育，在龙潭中期及晚期转化为由于海水的入侵转化为下三角洲的沉积，泥质沉积含量相对增高。在长兴期大规模的海侵，使得金沙白坪地区的较大范围转化为碳酸岩盐潮下沉积。灰岩的沉积厚度也逐渐增加。在整个晚二叠世期间金沙白坪总沉积厚度为 210m。通过对金沙白坪 102 钻孔的分析，据下覆茅口组的区域不整合面及岩性的内部下切谷砂体、古土壤层等沉积转化面的识别，在金沙白坪共识别出 3 个复合层序，16 个四级层序体系域。其体系域主要为泥炭沼泽、砂坝、潮坪、潮道、水下分流河道、潟湖、局限潮下沉积。金沙白坪含煤地层为二叠系上统龙潭组，该组由一套海陆过渡相、多旋回沉积组成。其含煤地层岩性以浅灰色至深灰色薄至中厚层状细砂岩、粉砂岩、泥质粉砂岩、粉灰质泥岩、泥岩为主夹灰岩、硅质灰岩、泥灰岩、硅质岩、菱铁质岩、碳质泥岩、粘土、煤层及煤线，底为硫铁矿黏土岩。砂岩中见小型交错层理及波状层理，泥岩中多见水平层理，泥质粉砂岩及粉砂质泥岩多具砂泥互层纹理构造、生物扰动构造及砂包泥、泥包砂现象。砂泥岩中产丰富的蕨类植物化石，局部灰岩、钙质泥岩夹层产丰富的腕足化石。含煤岩系从横向上岩性相变化不大，垂向上海进、海退沉积旋回较明显，出现灰岩-砂岩-泥岩-煤层沉积旋回的交替出现。

2. 高分辨率层序地层分析

金沙白坪 102 钻孔晚二叠世主要障壁砂坝碎屑岸线沉积组合。从沉积环境的演化及相变特征分析，以河道冲刷面、相转换面以及沉积旋回结构为晚二叠世内部的四级层序界面，在晚二叠世中共划分出了 16 个四级层序或相当的准层序（S1 ~ S16），组合为 7 个层序组、3 个复合层序（见图 4-17）。下面按三级复合层序分述各层序的特征。

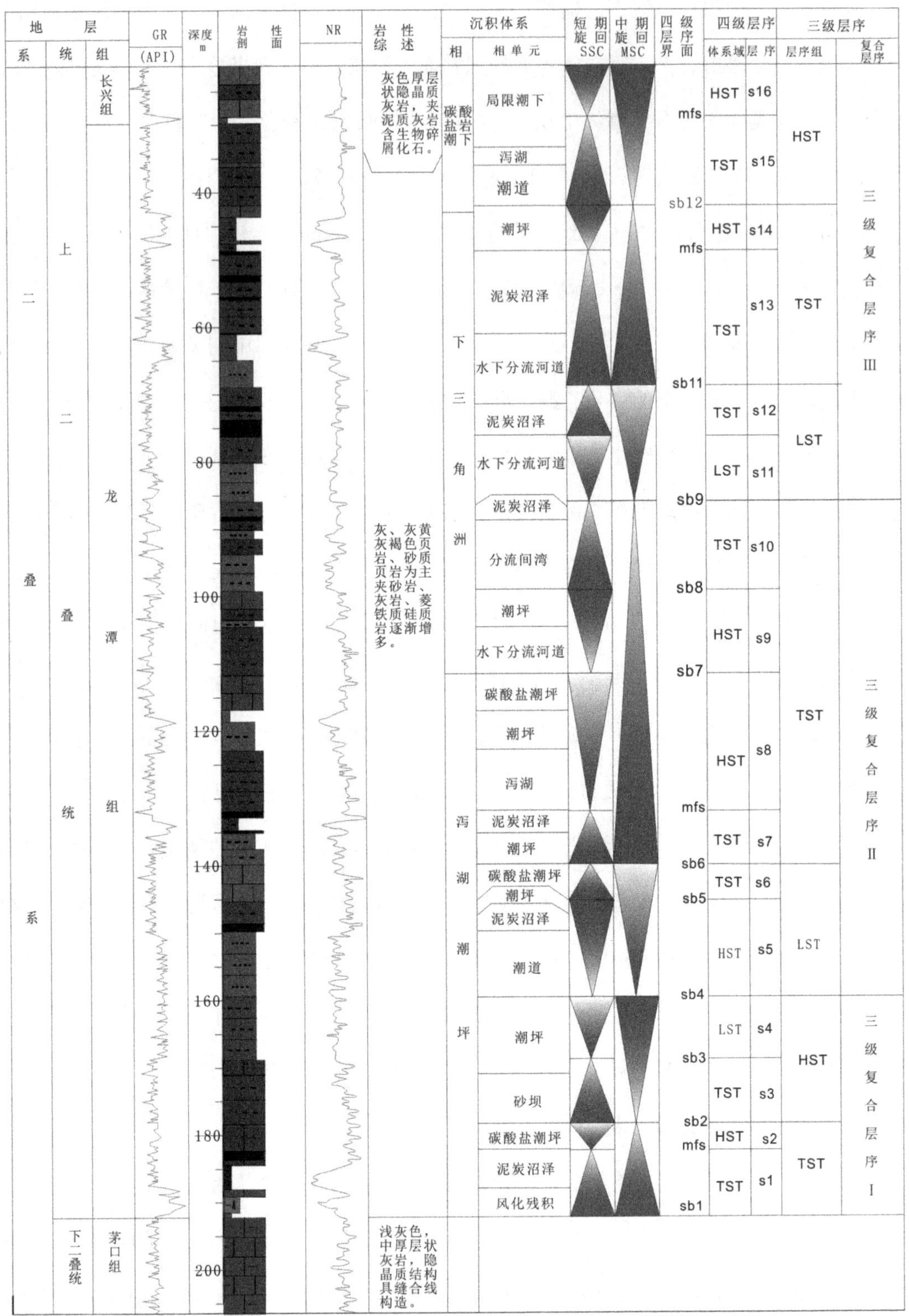

图 4-17　金沙白坪 ZK102 晚二叠世地层综合柱状图

复合层序Ⅰ。由一个海侵层序组与一个高位层序组组成。其中海侵层序组由一个四级海侵体系域与一个高位体系域构成。高位体层序组由一个海侵体系域和一个低位体系域构成。海侵层序组的沉积厚度为 13m，高位层序组沉积厚度为 20m。总的来说是由一个正旋回沉积再到反旋回的沉积组合。其中四级的海侵体系域主要为风化残积及泥炭沼泽沉积。在海侵层序组的海侵体系域到高位体系域的转化阶段，出现的最大海泛面附近利于成煤。在高位体系域后，继续发育海体系域和低位体系域。这段沉积变为岩性粒度逐渐增加的反旋回沉积阶段。

复合层序Ⅱ。由一个低位层序组和一个海侵层序组构成。其中低位层序组由一个四级高位体系域和一个四级海侵体系域构成。总的来看低位层序组为一段向盆中心进积的反旋回沉积组合。在四级层序界面上构成一个先反旋回再正旋回的沉积组合。在高位体系域末期水体没有继续下降，而转化为海侵的正旋回沉积而利于了煤层的形成。煤层上面沉积一段粉砂质泥岩再到上沉积一段较厚的灰岩，符合邵龙义教授提出的“海相滞后时段成煤”思想。所以在低位层序组的四级海侵体系域发育了较好的煤层。海侵层序组由四个四级体系域构成，分别为海侵体系域、高位体系域、海侵体系域。这段海侵层序组煤层有所发育，但碳酸岩盐有较好的发育。在海侵体系域到高位体系域的最大海泛面附近发育了较好的厚煤层。再到上的高位体系域发育了泥质粉砂岩，在高位体系域后没有继续发育低位体系域，而是继续发育高位体系域，连续的高位体系域的发育而发育了较好的泥质灰岩沉积。高位体系域后，进而继续海侵，构成一段正旋回沉积，在这段正旋回沉积中发育了一段较厚的煤层。

复合层序Ⅲ。复合层序Ⅲ为一低位层序组、海侵层序组和高位层序组构成。其总的沉积厚度为 92m。主要沉积环境为水下分流河道、泥炭沼泽、潮坪沉积及局限潮下沉积。低位层序组为一低位体系域和一海侵体系域构成。在低位体系域的反旋回沉积阶段发育了灰色，薄层状，次圆状，分选性差的细粒砂岩。在低位体系域后继续发育海侵体系域，该段海侵体系域发育了较后的煤层。在海侵体系域后高位体系域没有得到发展而是继续发育了海侵体系域。在这段海侵体系域主要沉积了灰黑色，厚层状，近水平层理的泥质粉砂岩。煤层发育。这段沉积主要为海侵体系域的泥炭沼泽沉积。在海侵体系域后进入海平面的相对稳定期而发育了高位体系域的泥炭沼泽沉积。在高位体系域顶端发育泥质灰岩。高位体系域后没有继续低位体系域，而是进入长兴期的大范围的海侵而继续发育海侵体系域。在这个正旋回的海侵体系域主要发育了灰黑色，厚层状，有近水平层理的泥质粉砂岩和灰至深灰色，厚层状，隐晶质的泥灰岩沉积。海侵体系域后进而发育高位体系域。在高位体系域与海侵体系域的最大海泛面的转换处没有发育煤层，而是发育了灰色，近水平层理的薄层泥岩。说明这段泥岩沉积是在迅速的海侵后的最大海泛面处的沉积，为海侵后的饥饿沉积即凝缩段。在高位体系域的顶端属于长兴期晚期的沉积而发育了灰色，厚层状，隐晶质灰岩。

4.3.5 桐梓花秋 1602 钻孔高分辨率层序地层分析

1. 地层及沉积特征

桐梓花秋井田地区在晚二叠世的地层与织金珠藏和威宁蜈蚣岭的地层差别较大，桐梓花秋井田钻孔揭露地层由老至新有：由灰、深灰、黑色薄至中厚层状灰岩、燧石灰岩、粉砂岩、细砂岩、砂质泥岩、黏土岩和煤等组成。与下覆茅口组灰岩呈假整合接触。二叠系上统长兴组、大隆组由燧石灰岩、硅质黏土岩等组成，间夹少量粉砂岩及灰岩透镜体，底部含数层蒙脱石黏土岩与下覆地层为整合接触。桐梓花秋井田 02 钻孔依据区域不整合面、下切谷砂体、以及沉积转化面共划分了 13 个四级层序。六个三级层序组以及三个三级复合层序。总的沉积厚度为 156m。划分了间湾沼泽沉积、分流河道、潟湖、砂坝和碳酸盐岩的沉积（见图 4-18）。

2. 高分辨率层序地层分析

复合层序Ⅰ。复合层序Ⅰ由一海侵层序组和一高位层序组构成。其累计沉积厚度为 25m。海侵层序组由一四级低位体系域和一海侵层序体系域构成。低位体系域发育浅灰色薄层细砂岩。其茅口组灰岩具缝合线构造、溶蚀裂隙发育，说明在低位体系域沉积期间，海平面下降。茅口组灰岩顶部部分暴露地表，遭受溶蚀淋滤，河流回春作用而沉积了一薄层低位体系域的下切砂体。在低位体系域发育后，继续发育了以正沉积旋回的海侵体系域。海侵体系域主要为潟湖沉积，沉积了灰、浅灰色，薄层状，波状层理，中部含菱铁岩团块，由于海侵，海面的上升利于湿地的形成，所以发育了较厚的煤层。高位层序组由两个两个连续发育的高位体系域构成。第一个高位体系域发育于海平面稳定的较长期间，这期间发育了较厚煤层，并沉积了灰，深灰色，块状中部含菱铁质团块状粉砂质泥岩。在高位体系域后没有继续发育低位体系域，而是继续发育高位体系域。而沉积了一段灰色，中厚层状，隐晶质的结构的灰岩。

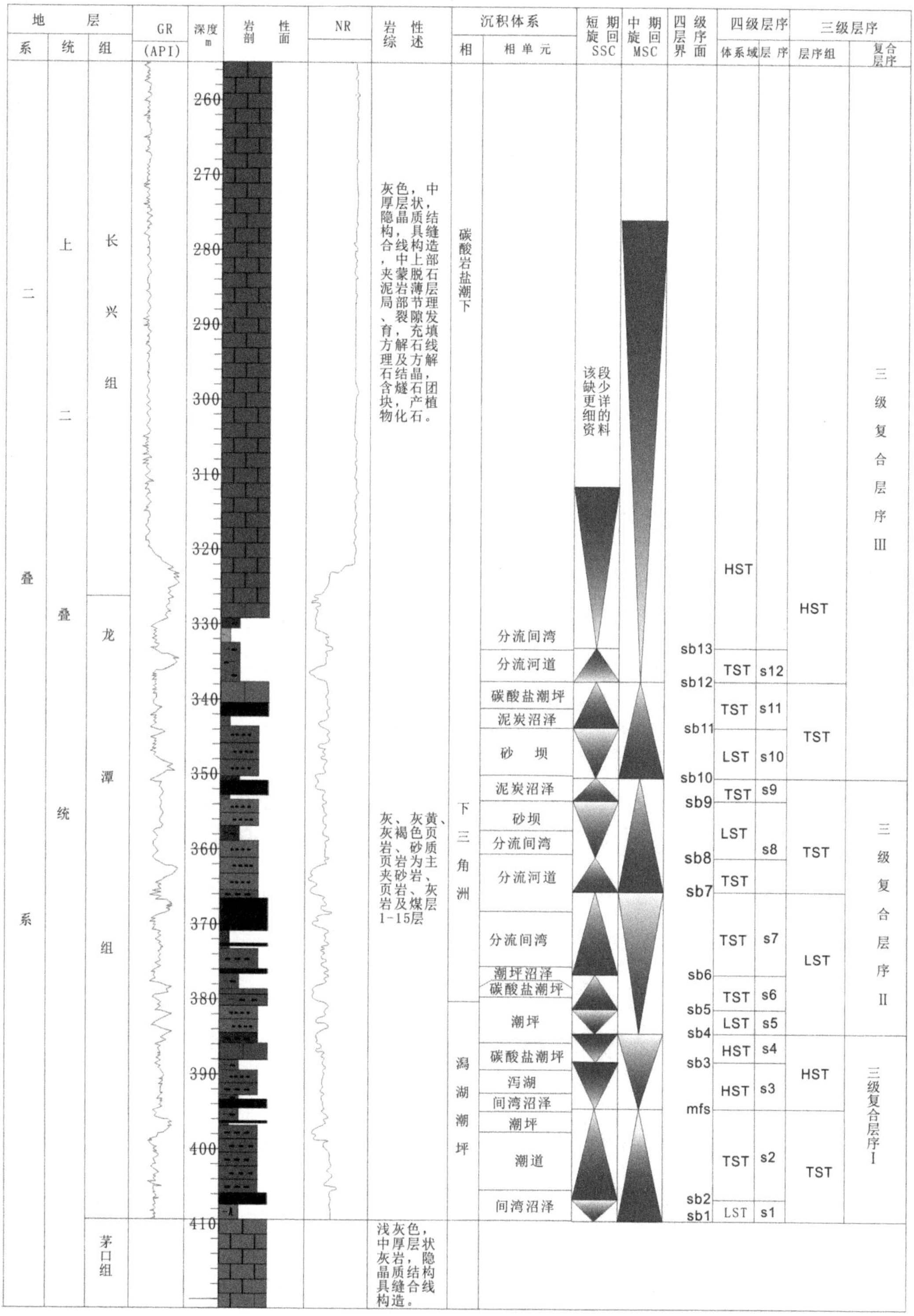

地层 系 统 组 | GR (API) | 深度 m | 岩性剖面 | NR | 岩性综述 | 沉积体系 相 相单元 | 短期旋回 SSC | 中期旋回 MSC | 四级层序界面 | 四级层序 体系域 层序 | 三级层序 层序组 复合层序

二叠系
上二叠统
长兴组
龙潭组
茅口组

260
270
280
290
300
310
320
330
340
350
360
370
380
390
400
410

灰色，中厚层状，隐晶质结构，具缝合线构造，上部石夹泥局部蒙脱石薄层，中部节理发育、裂隙充填方解石，方解石线理含燧石及结晶团块，产植物化石。

灰、灰黄、灰褐色页岩、砂质页岩为主夹砂岩、灰页岩及煤层1-15层

浅灰色，中厚层状灰岩，隐晶质结构具缝合线构造。

碳酸岩盐潮下
下三角洲
潟湖潮坪

分流间湾
分流河道
碳酸盐潮坪
泥炭沼泽
砂坝
泥炭沼泽
砂坝
分流间湾
分流河道
分流间湾
潮坪沼泽
碳酸盐潮坪
潮坪
碳酸盐潮坪
泻湖
间湾沼泽
潮坪
潮道
间湾沼泽

该段缺少更详细的资料

sb13
sb12
sb11
sb10
sb9
sb8
sb7
sb6
sb5
sb4
sb3
mfs
sb2
sb1

HST
TST s12
TST s11
LST s10
TST s9
LST s8
TST
TST s7
TST s6
LST s5
HST s4
HST s3
TST s2
LST s1

HST
TST
TST
LST
HST
TST

三级复合层序Ⅲ
三级复合层序Ⅱ
三级复合层序Ⅰ

图 4-18　桐梓花秋 ZK1602 晚二叠世地层综合柱状图

复合层序Ⅱ。复合层序Ⅱ由一低位层序组和一海侵层序组构成。累计沉积厚度为35m。主要发育了潮坪、碳酸盐潮坪、潮道、三角洲间沉积。低位层序组由一四级低位体系域、两个海侵体系域构成。低位体系域沉积期间发育了浅灰色、中厚层状，波状层理及交错层理，与下覆粉砂岩地层有冲刷面的接触。说明在低位体系域期间，海平面下降，河流回春。低位体系域上面继续发育海侵体系域。这段海侵主要为潮坪沉积。发育了灰色，深灰色薄层状、粉砂质泥岩。海侵体系域后没继续发育高位体系域，而是紧跟着继续发育灰色，深灰色薄层状粉砂岩及灰色，深灰色具层状构造的泥岩。低位层序组上面继续发育了海侵层序组，海侵层序组由一海侵体系域低位体系域和海侵体系域组成。海侵体系域主要为一潮道沉积，灰色，薄层状，水平层理的粉砂岩，并发育了一段后煤层。在海侵体系域后没有继续发育高位体系域，而是发育一段低位体系域的沉积。主要沉积了了浅灰色，薄—中厚层状细砂岩。说明这段期间河流回春作用增强。在低位体系域之后继续发育了一段海侵体系域，主要为泥炭沼泽沉积。并沉积了一段厚煤层，在厚煤层上覆盖一段粉砂质泥岩沉积。

复合层序Ⅲ。复合层序Ⅲ由海侵层序组和高位层序组构成，累计沉积厚度为94m。海侵层序组由一低位体系域和海侵体系域构成。低位体系域发育了浅灰色，中厚层状，波状层理及交错层理的细砂岩。下覆粉砂岩见冲刷面。说明海平下降，河流回春作用增加。在低位体系域后继续发育了海侵体系域。海侵体系域沉积了灰色、深灰色薄层状泥岩，及厚煤层，在煤层上发育了灰-浅灰色中厚层状灰岩，灰岩直接覆盖在煤层之上。这符合邵龙义提出的“海侵滞后时段成煤”的思想。在海侵体系域后继续发育高位体系域沉积，在这段沉积期，主要为长兴期的大范围的海侵。大范围的海侵而普遍发育碳酸岩盐的沉积。长兴期的沉积已经从障壁性碎屑岸线沉积转化为碳酸盐台地沉积。

4.4 晚二叠系层序地层划分对比

通过前面控制研究区四个角及中部的重点钻孔的层序地层的高分辨率的详细分析，主要根据区域不整合面（茅口组灰岩、峨眉山玄武岩）、根土岩、下切谷砂体的发育、标志层、煤层、海侵方向及沉积体系域转化面等特征在研究区晚二叠世共识别出7个三级层序界面，茅口组灰岩、峨眉山玄武岩顶部的风化面、底部煤层底板海侵方向转化面、下切谷砂体侵蚀面、海侵体系转化面、龙潭组上段下切谷砂体冲刷面、海侵煤层标志界面、灰岩标志界面。通过7个层序界面共划分出3个三级复合层序组。复合层序Ⅰ和复合层序Ⅱ主要包括龙潭组地层，复合层序Ⅲ主要包括长兴组组地层。

4.4.1　晚二叠世曲流河湖泊沉积组合（复合层序Ⅰ/Ⅱ/Ⅲ）特征

复合层序Ⅰ。的曲流河湖泊沉积主要包括宣威组、汪家寨组地层，整段属于于晚二叠世的含煤岩系。在研究区西部的形态展布特征上呈南北向长条带状，在研究区西部各个时期其发育程度有所差异。在复合层序Ⅰ，除曲流河沉积外，湖泊沉积也相当发育，主要部分在威宁一带，曲流河沉积主要分为细砂、粉砂岩沉积，湖泊沉积以岩性及黏土岩沉积为主，夹有粉砂岩，具水动力条件较弱沉积环境的水平层理和小型波纹状交错层理。湖心一带为泥岩相，向四周逐渐过渡为泥岩夹砂岩相和砂岩泥岩相。在复合层序Ⅰ时期研究区西部湖泊较发育，复合层序Ⅱ、Ⅲ时期湖泊发育规模减小，曲流河沉积相当发育。表现为粒度向上变细的沉积。总体上来看，研究区西部曲流河-湖泊沉积的复合层序Ⅰ，Ⅱ，Ⅲ的一个显著特点是含砂量不高（见图 4-19）。

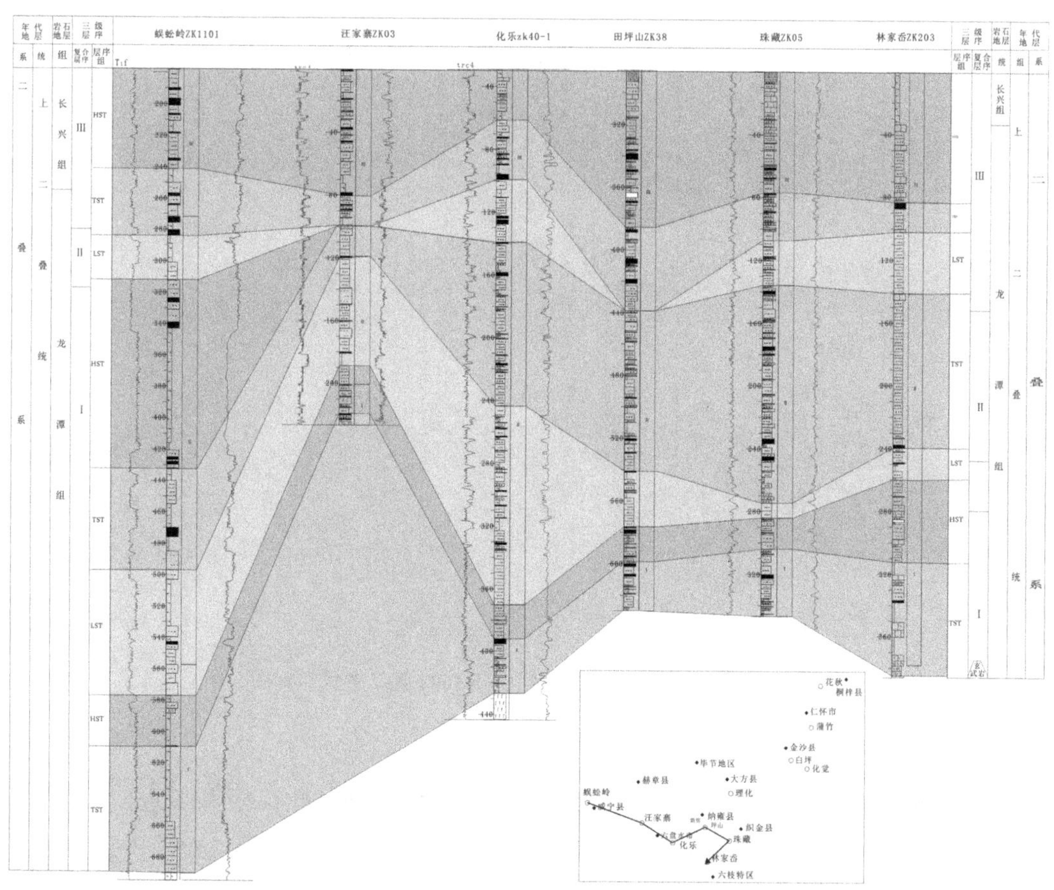

图 4-19　蜈蚣岭 ZK03—花秋 ZK1602 晚二叠世对比图

4.4.2 晚二叠世三角洲沉积组合（复合层序Ⅰ/Ⅱ/Ⅲ）沉积特征

三角洲沉积组合在研究区威宁以西，织金以东发育。在水城复合层序Ⅰ、Ⅱ主要属于扇上三角洲沉积组合，复合层序Ⅲ主要属于下三角洲沉积组合。三角洲沉积组合变现为一系列向上变粗再变细的层序（见图4-20）。

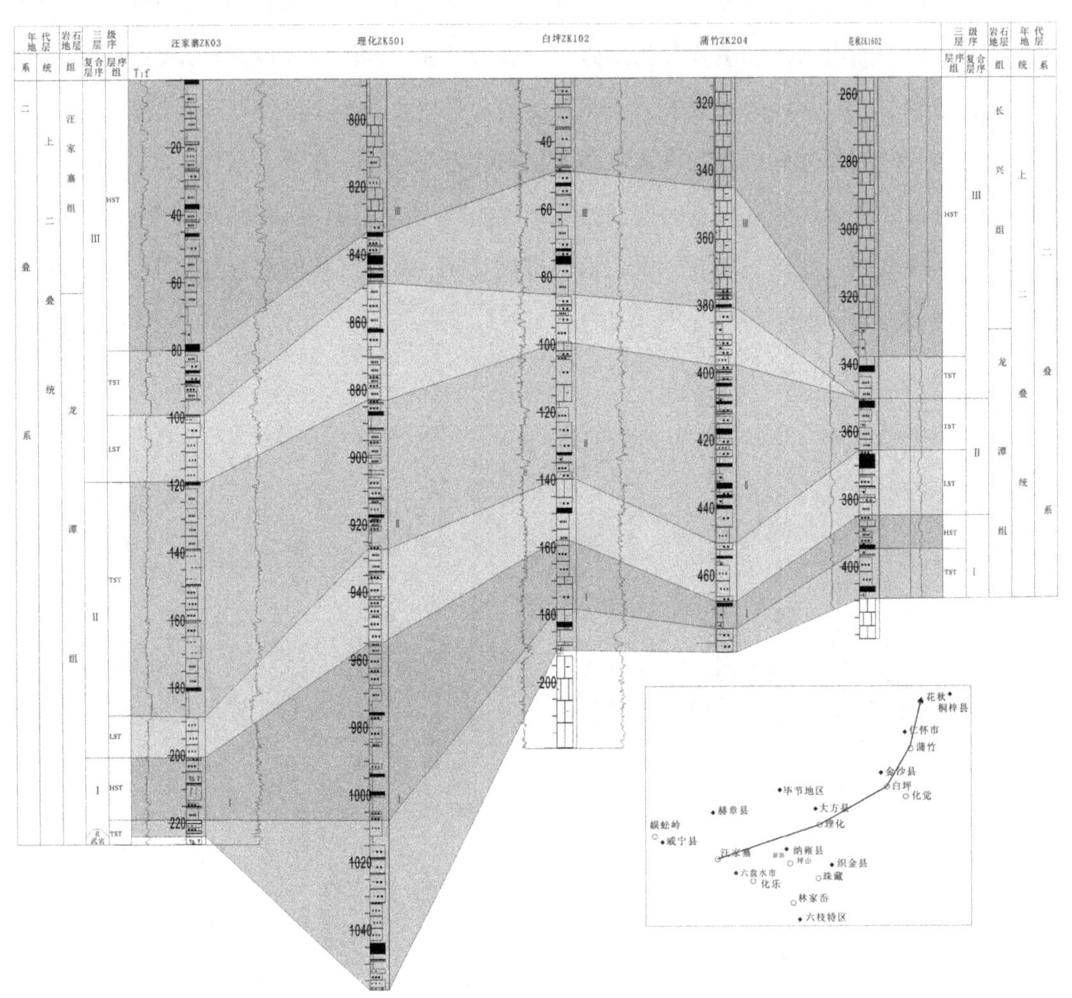

图4-20　汪家寨ZK03—花秋ZK1602晚二叠世对比图

4.4.3 晚二叠世障壁岸线沉积组合（复合层序Ⅰ/Ⅱ/Ⅲ）沉积特征

障壁碎屑岸线沉积组合在研究区黔北、织金和六枝一带均发育复合层序Ⅰ、Ⅱ、Ⅲ的沉积，分布于陆源碎屑海岸带。向陆方向过渡为三角洲沉积组合。向海方向过渡为碳酸盐岩台地的沉积组合。障壁碎屑岸线的沉积组合在复合层序Ⅰ、Ⅱ、Ⅲ的各个阶段均较发育。在复合层序Ⅰ阶段金沙、织金障壁砂坝比较发育，在复合层序Ⅱ、Ⅲ转化以潟湖型沉积组合为主。大方理化在复合层序Ⅰ、Ⅱ、Ⅲ均以碎屑潟湖中心的泥质沉积为主（见图 4-21）。

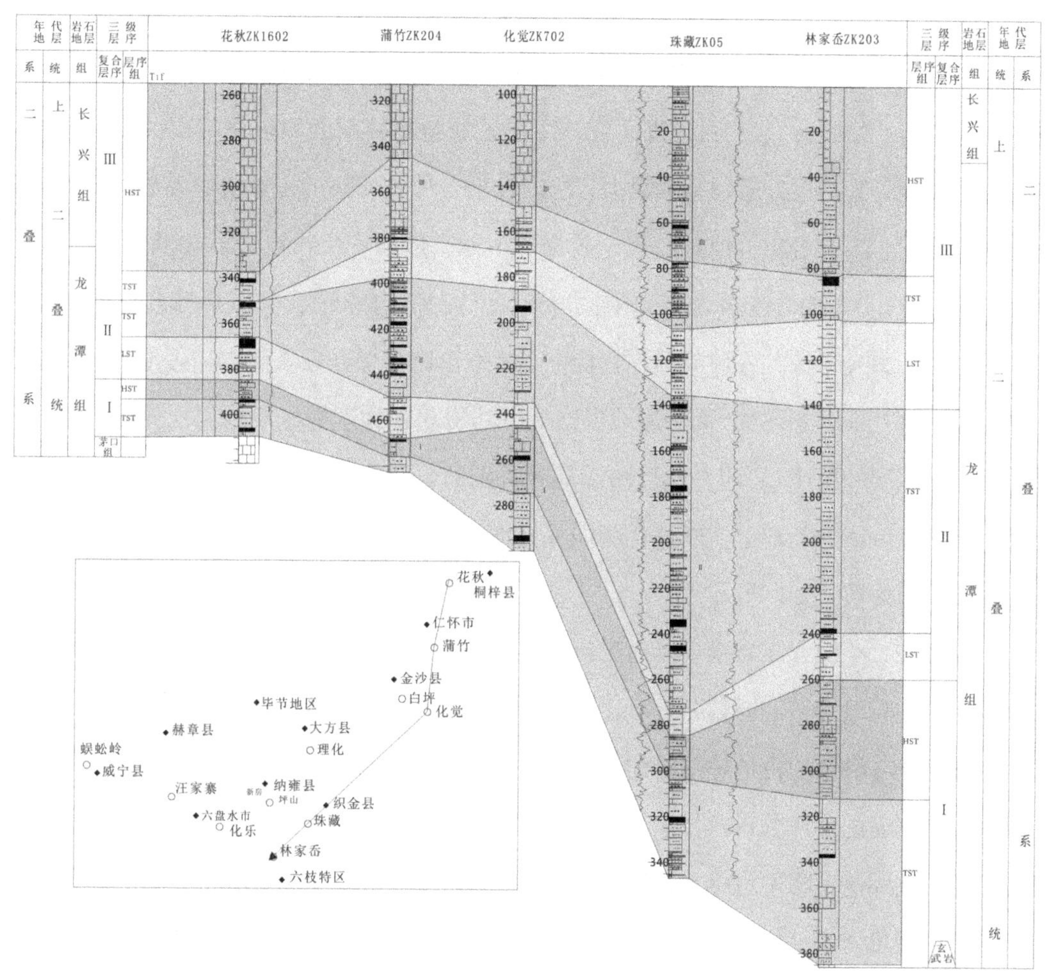

图 4-21　花秋 ZK1602—林家岙 ZK203 晚二叠世对比图

4.5　等时层序地层格架下的岩相古地理及其演化特征

4.5.1　岩相古地理编图思路与步骤

岩相古地理研究是重建地质历史中海陆分布、构造背景、盆地配置和沉积演化的重要途径和手段，其宗旨是通过重塑盆地在全球古地理中的具体位置，恢复沉积地壳演化及其与成矿过程的关系（田景春，2004）。岩相古地理分析是通过先存在的地层地质特征尤其是岩相特征，来分析地质历史时期地理面貌及环境变迁的方法。岩相古地理图不但可以反映沉积时期的古地理面貌，同时还能用可以预测沉积矿床的形成和分布（刘宝珺，曾允孚，1985）。岩相古地理的编制及分析已成为矿产预测的一种不可缺少的手段（谢家荣，1948；冯增昭，2003）。岩相古地理研究，主要是通过单井剖面和连井剖面沉积断面详细分析沉积环境的基础上，通过基本数学方法统计出各种能反映沉积环境的参数，进而编制出岩相古地图。编制岩相古地理的理论依据有不同，诸如古生物地层学（刘鸿允，1995；卢衍豪，1965）、大地构造学（张文佑，1959；王鸿祯，1985）、单因素综合作图法（冯增昭，1977，2004）等。各种编图各有特色。其中单因素综合方法使岩相古地理研究有了定量依据（邵龙义，2008）。而层序地层格架下的岩相古地理图编制是以层序界面复合层序内的地层编制的层序-岩相古地理图。具有特别的岩相古地理意义。表现为：在系统研究层序类型及特征的基础上，以复合层序或界面为单位编制层序-岩相古地理图，更具连续等时的成因性质。

研究区晚二叠世含煤岩系多以曲流河、三角洲、障壁碎屑岩为主，石灰岩标志层在几次大的海侵期较发育，地层划分及对比清楚，区内煤田钻孔及露头分布较多，较详细的钻孔资料有利于各种岩相古地理差数的统计。岩相古地理分析首先必得重视岩相、沉积环境特征以及单剖面的环境分析及古水流分析（刘宝珺，曾允孚，1985；张鹏飞，等，1993），除此之外，在编制过程中也得重视各种反映沉积环境参数的客观定量统计。最终在层序地层格架下编制出连续性等时性成因上有联系的能反映沉积环境分布的岩相古地理图。

1. 古地理参数及意义

岩相古地理图，实际上是一种按特定的编图方法方法对各种参数分析、理解、归纳抽象出的综合图件。据研究区晚二叠世的岩性沉积特征。研究详细的钻孔资料统计出各种能反映古地理面貌的参数，绘制以砂泥比为主的各种岩性参数等值线图，从不同的地质意义角度反映当时的古地理面貌。对研究区晚二叠世的古地理参数的统计主要包括地层厚度、砂岩厚度、泥岩厚度、砂泥比、煤层厚度和灰岩厚度等，其各种统计参数的方法及等值线意义（见表4-3）。其中针对研究区海陆过渡相的大环境古地理特征，灰岩厚度、砂泥比、煤层厚度等是绘制岩相古地理图的最重要的依据。

表 4-3　岩相古地理分析中各项参数的统计方法及其意义

序号	参数	统计方法	等值线图意义
1	地层厚度	地层总厚度	反映区域沉降幅度、沉积物质供给、隆起和凹陷及盆地轮廓
2	灰岩厚度	灰岩总厚度	指示海侵范围以及滨外陆棚相分布范围
3	砂岩厚度	砂岩（粗砂岩、中砂岩、细砂岩）总厚度	反映冲积砂体及三角洲砂体的分布范围及可能的储集层分布
4	砂岩厚度百分比	砂岩岩层厚度/地层总厚度	反映冲积砂体及三角洲砂体的分布，以及主要水道分布规律
5	煤层厚度	煤层总厚度	反映泥炭沼泽发育地区
6	泥岩厚度	泥质岩类（粉砂质泥岩、泥岩、灰质泥岩）总厚度	指示沉积中心以及三角洲分流间湾发育区
7	泥岩厚度百分比	泥岩层总厚度/地层总厚度	指示沉积中心以及三角洲分流间湾发育区
8	砂岩/泥岩比	砂岩厚度/泥岩厚度比值	反映主要岩相分布特征及古地理，是划分相带和相区的主要依据

2. 岩相古地理编制步骤

第一步，编制岩相及沉积相柱状图。

通过野外露头及煤田钻孔岩芯、测井等技术手段的应用，选择重点地层剖面，熟悉研究晚二叠世主要的岩石的组分、结构、沉积构造、古生物及及遗迹化石、岩体产状以及与上下岩层的接触关系等，对煤层和标志层的测井分析描述为重点内容，通过这些观察描述和分析，进行初步的层序地层界面的识别，并初步划分层序地层。对所测的重点剖面应结合沉积岩的详细描述，逐步采集标本，以便在室内做进一步的研究（邵龙义，2008）。

第二步，绘制沉积断面图。

在完成第一步沉积柱状图及层序地层分析之后，只是完成了地层在某点的岩性特征，可以说是“一斑”之见。编制岩相古地理图还必须具备研究区岩体的点面组合相分析过程。才能在整个地质体上完整的把握研究区当时的岩相古地理特征。所以还应应用钻孔资料编制沉积相和层序地层沿沉积走向和沉积倾向的沉积断面图，主要是为了掌握在不同方向上的岩性、岩相及煤层的稳定程度和变化规律，了解各级层序界面和层序组合在沉积倾向及沉积走向上的变化。

在本章中，根据海水的大体东南方向的入侵的前提，选取了北东向、北西向及近南北向的三条沉积断面图，并根据其岩性组合与成因标志层划分出了沉积相和层序。

第三步，数据的统计分析，绘制各种等值线图。

在本次工作中，研究区新老钻孔资料非常丰富，为详细描述分析及对比沉积断面图的基础上创造了好的条件，所以尽可能多的收集煤田、地矿、勘探公司系统的钻孔资料。经对比分析结合层序地层学的基本原理统计研究区层位为 3 个三级复合层序。按三个三级复合层序编绘地层等厚线图、砂泥比等值线图、煤层厚度等值线图、灰岩厚度等等值线图。

第四步，综合分析并绘制古地理图。

依据研究区的总体海陆交互的岩相特征，本次工作主要依据地层厚度等值线图、砂泥比等值图、灰岩厚度等值线图、煤层厚度等值线图来编制岩相古地理图和划分主要相带和相区。以石灰岩等值图区分富含石灰岩的碳酸岩盐台地沉积相区和富含碎屑岩的滨岸、障壁砂坝、潟湖三角洲沉积区划分出来。然后进一步在碎屑岩沉积相区依据砂泥比划分出障壁砂坝、潟湖及深湖相区。并进一步依据砂泥比划分曲流河湖泊相区及三角洲相区。

4.5.2 黔西北晚二叠世复合层序的岩相古地理特征

1. 晚二叠世含煤岩系（层序Ⅰ，Ⅱ和Ⅲ）古地理特征

在黔西北晚二叠世（龙潭组、宣威组、长兴组、汪家寨组）共划分了三个三级复合层序，这些三级复合层序有个较一致的共同点是在远离研究区的陆源碎屑源区和滨岸带沉积环境形成。受海平面升降变化影响明显，其沉积旋回特征比较明显，另外研究区地处上扬子地台西南缘，据以往的研究资料显示，在二叠世上扬子地台在发生从赤道向北的漂移并有顺时针方向的旋转运动。因为研究区的顺时针方向的向海的下切旋转运动，使得研究区沉积旋回在南北方向上表现的比较明显。在灰岩的覆盖范围上，因为旋转下切运动使得研究区北的灰岩比南的覆盖面积要大得多。这也是识别沉积旋回的标志。复合层序Ⅰ由海侵

层序组和高位层序组组成；复合层序Ⅱ由低位层序组及海侵层序组组成，其中海侵层序组较发育。复合层序组由低位层序组、海侵层序组及高位层序组组成。在研究区整个晚二叠世的含煤岩系的旋回主要为浅海碳酸岩盐台地和海陆交互相的障壁型碎屑岸线沉积组合及三角洲沉积组合和离滨岸线较远的曲流河-湖泊沉积组合。

（1）复合层序Ⅰ。复合层序Ⅰ由一海侵层序组和一高位层序组构成。其累计沉积厚度为25~60m。在整个复合层序中的厚度最小。海侵层序组由一四级低位体系域和一海侵层序体系域构成。低位体系域发育浅灰色薄层细砂岩。其茅口组灰岩具缝合线构造、溶蚀裂隙发育，说明在低位体系域沉积期间，海平面下降。茅口组灰岩顶部部分暴露地表，遭受溶蚀淋滤，河流回春作用而沉积了一薄层低位体系域的下切砂体。在低位体系域发育后，继续发育了以正沉积旋回的海侵体系域。海侵体系域主要为潟湖沉积，沉积了灰、浅灰色，薄层状，波状层理，中部含菱铁岩团块，由于海侵，海面的上升利于湿地的形成，因而发育了较厚的煤层。高位层序组由两个两个连续发育的高位体系域构成。第一个高位体系域发育于海平面稳定的较长期间，这期间发育了较厚煤层，并沉积了灰，深灰色，块状中部含菱铁质团块状粉砂质泥岩。在高位体系域后没有继续发育低位体系域，而是继续发育高位体系域。高位体系域灰岩的沉积由于海侵面的范围在该复合层序最小，所以在研究区织金以西灰岩较发育，而在织金以西灰岩则不发育（见图4-22~图4-28）。

（2）复合层序Ⅱ。复合层序Ⅱ由一低位层序组和一海侵层序组构成。累计沉积厚度为35~210m。主要发育了潮坪、碳酸盐潮坪、潮道、三角洲间沉积。低位层序组由一四级低位体系域、两个海侵体系域构成。低位体系域沉积期间发育了浅灰色、中厚层状，波状层理及交错层理，与下覆粉砂岩地层有冲刷面的接触。说明在低位体系域期间，海平面下降，河流回春。低位体系域上面继续发育海侵体系域。这段海侵主要为潮坪沉积。发育了灰色，深灰色薄层状、粉砂质泥岩。海侵体系域后没继续发育高位体系域，而是紧跟着继续发育灰色，深灰色薄层状粉砂岩及灰色，深灰色具层状构造的泥岩。低位层序组上面继续发育了海侵层序组，海侵层序组由一海侵体系域低位体系域和海侵体系域组成。海侵体系域主要为一潮道沉积，灰色，薄层状，水平层理的粉砂岩，并发育了一段后煤层。在海侵体系域后没有继续发育高位体系域，而是发育一段低位体系域的沉积。主要沉积了了浅灰色，薄—中厚层状细砂岩。说明这段期间河流回春作用增强。在低位体系域之后继续发育了一段海侵体系域，主要为泥炭沼泽沉积。并沉积了一段厚煤层，在厚煤层上覆盖一段粉砂质泥岩沉积。由于海侵范围比复合层序Ⅰ有所扩大。灰岩在向滨岸线以西的范围有所扩大（见图4-29~图4-35）。

（3）复合层序Ⅲ。复合层序Ⅲ由海侵层序组和高位层序组构成，累计沉积厚度为94~120m。海侵层序组由一低位体系域和海侵体系域构成。低位体系域发育了浅灰色，中厚层状，波状层理及交错层理的细砂岩。下覆粉砂岩见冲刷面。说明海平下降，河流回春作用增加。在低位体系域后继续发育了海侵体系域。海侵体系域沉积了灰色、深灰色薄层状泥岩，及厚煤层，在煤层上发育了灰-浅灰色中厚层状灰岩，灰岩直接覆盖在煤层之上。这符合邵龙义提出的“海侵滞后时段成煤”的思想。在海侵体系域后继续发育高位体系域沉积，在这段沉积期，主要为长兴期的大范围的海侵。大范围的海侵使得灰岩向西的展布范围得到扩张。在研究区以北的广大地区复合层序Ⅲ的沉积已经从较大范围的障壁性碎屑岸线沉积转化为碳酸盐台地沉积（见图4-36~图4-42）。

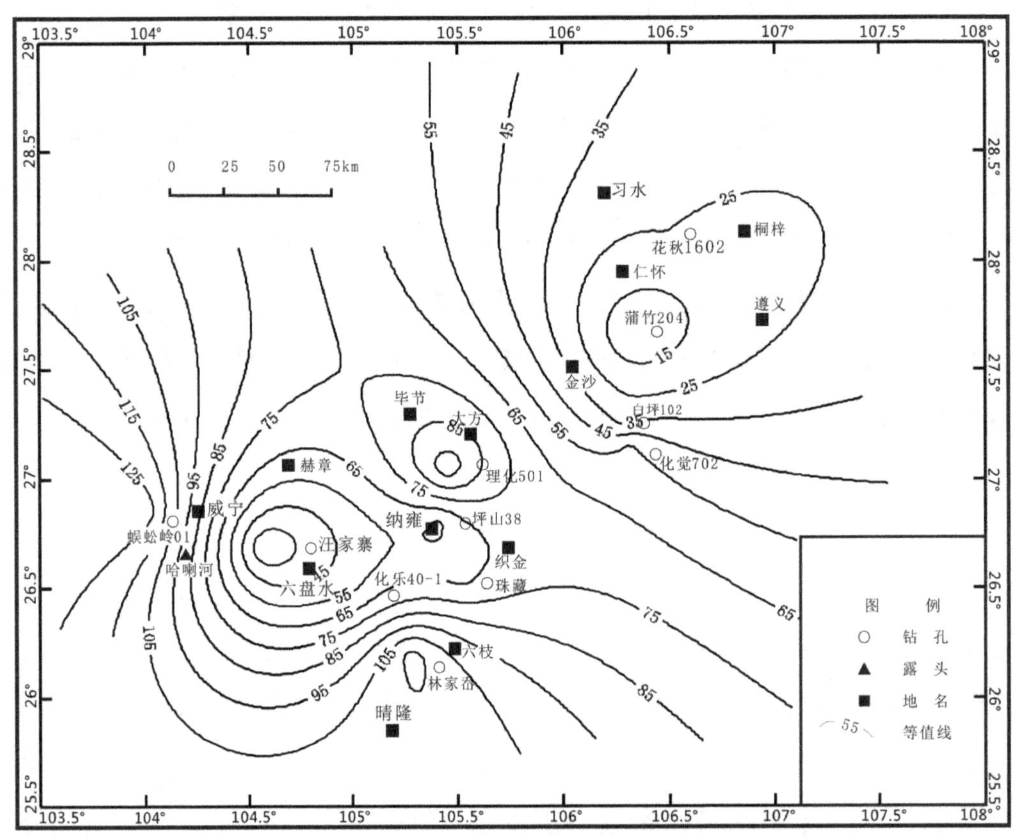

图4-22　黔西北晚二叠世复合层序Ⅰ厚度等值线图

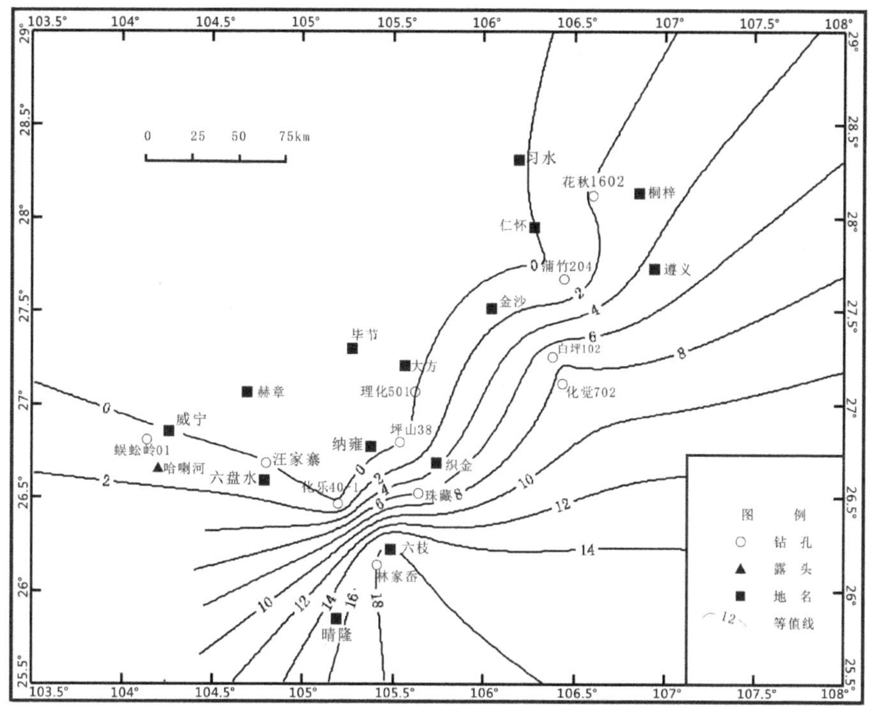

图 4-23　黔西北晚二叠世复合层序 I 灰岩厚度等值线图

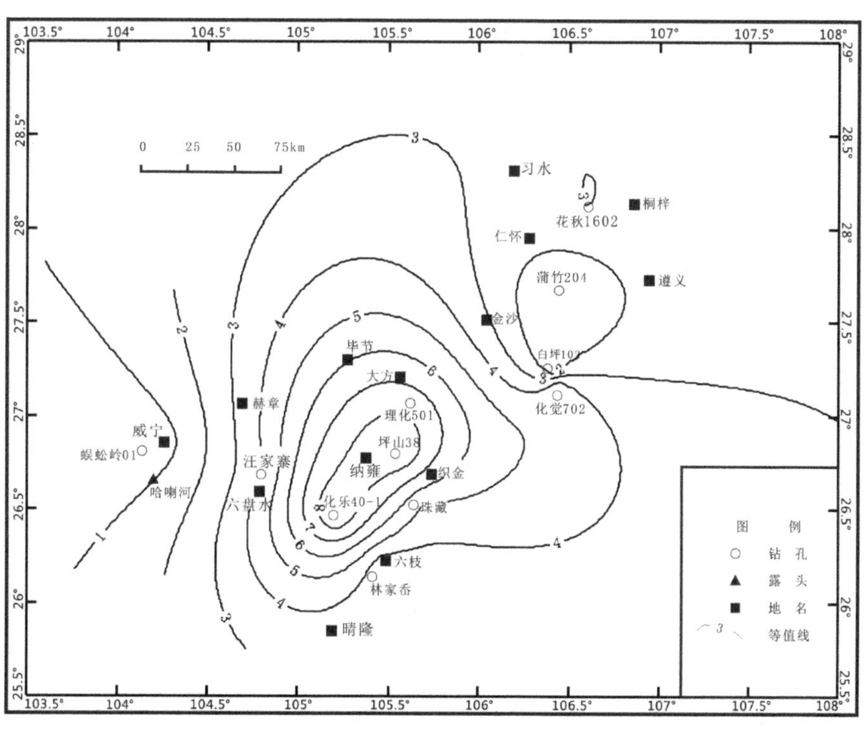

图 4-24　黔西北晚二叠世复合层序 I 煤层厚度等值线图

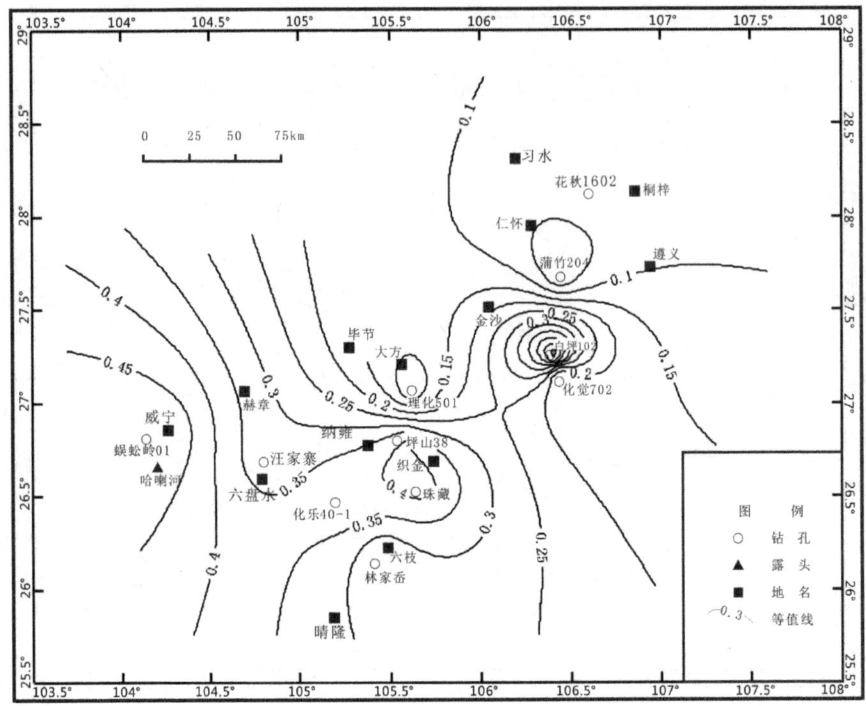

图 4-25　黔西北晚二叠世复合层序 I 砂岩厚度等值线图

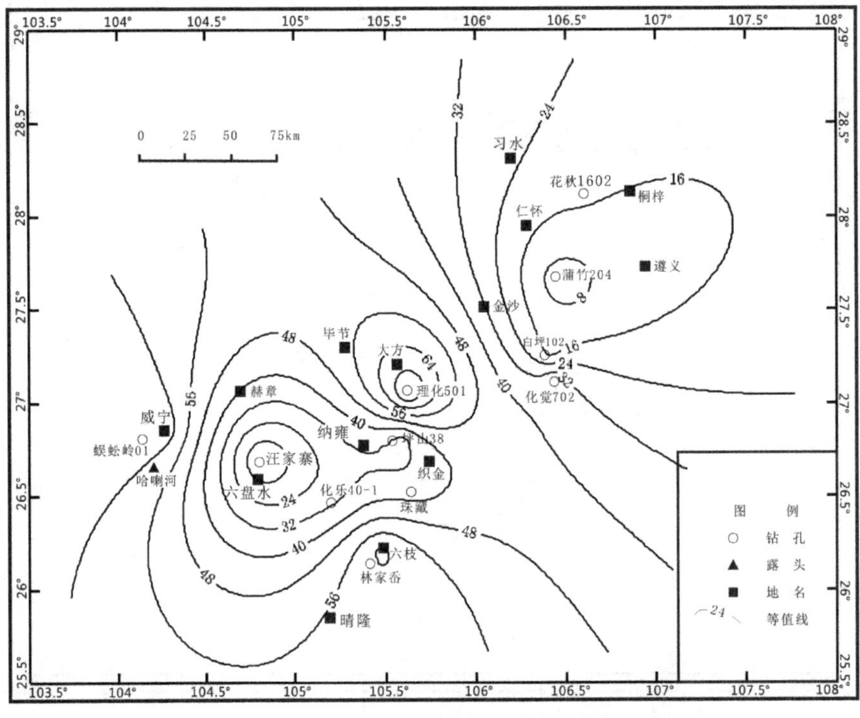

图 4-26　黔西北晚二叠世复合层序 I 泥岩厚度等值线图

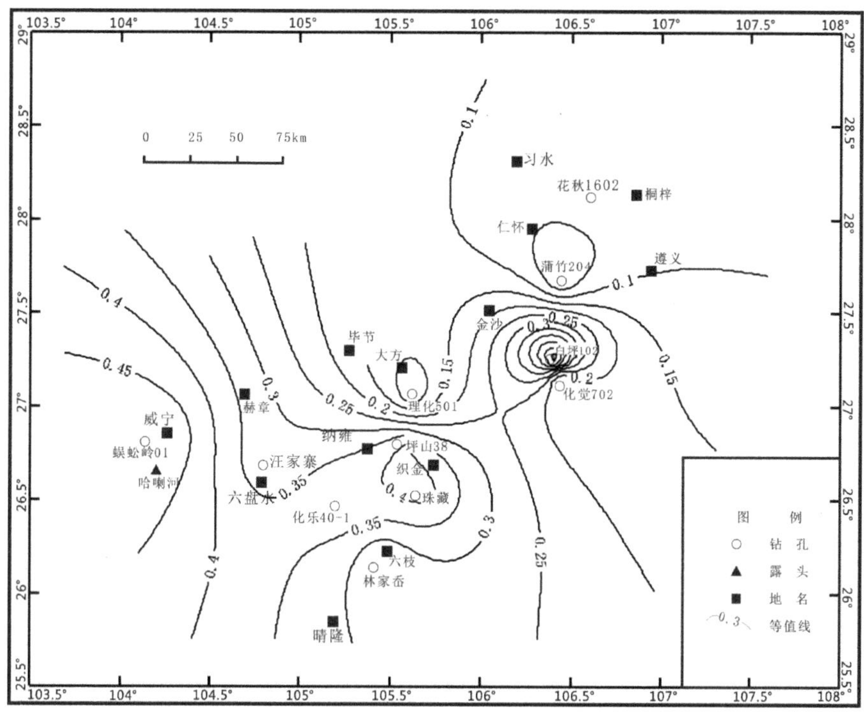

图 4-27　黔西北晚二叠世复合层序 I 砂泥比等值线图

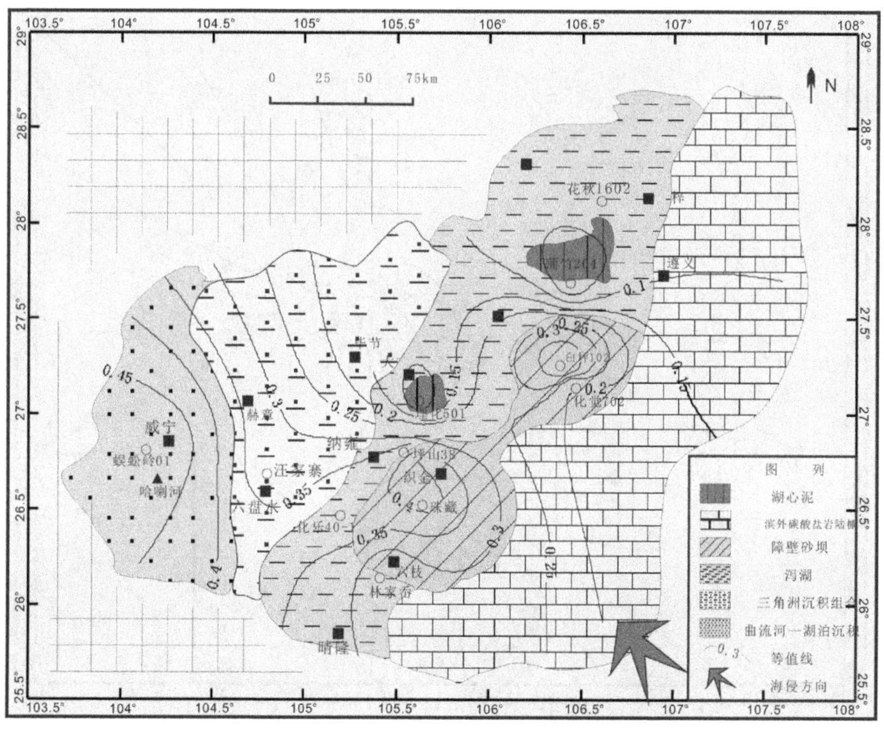

图 4-28　复合层序 I （龙潭组下段）岩相古地理图

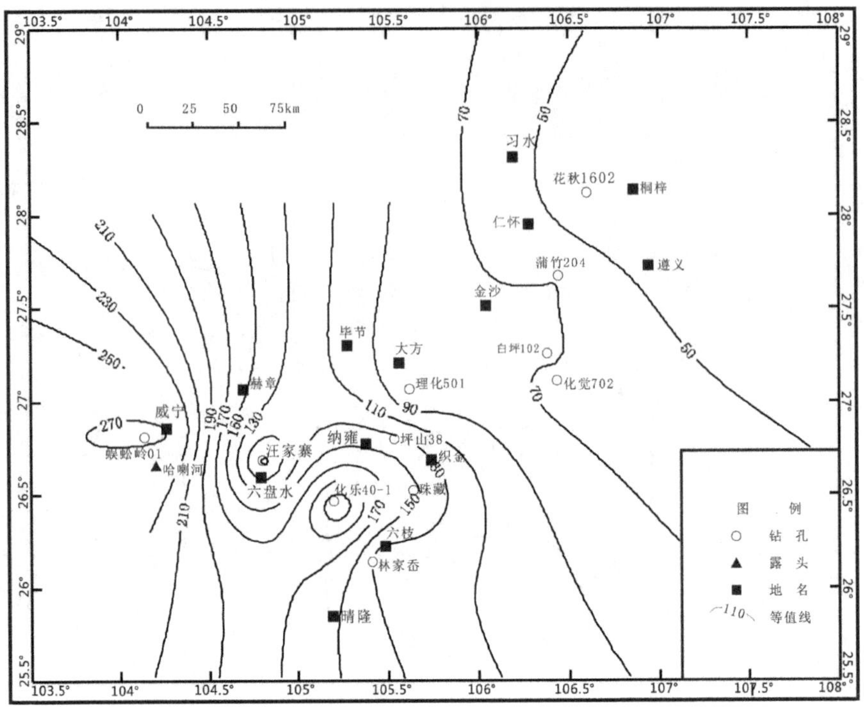

图 4-29 黔西北晚二叠世复合层序Ⅱ厚度等值线图

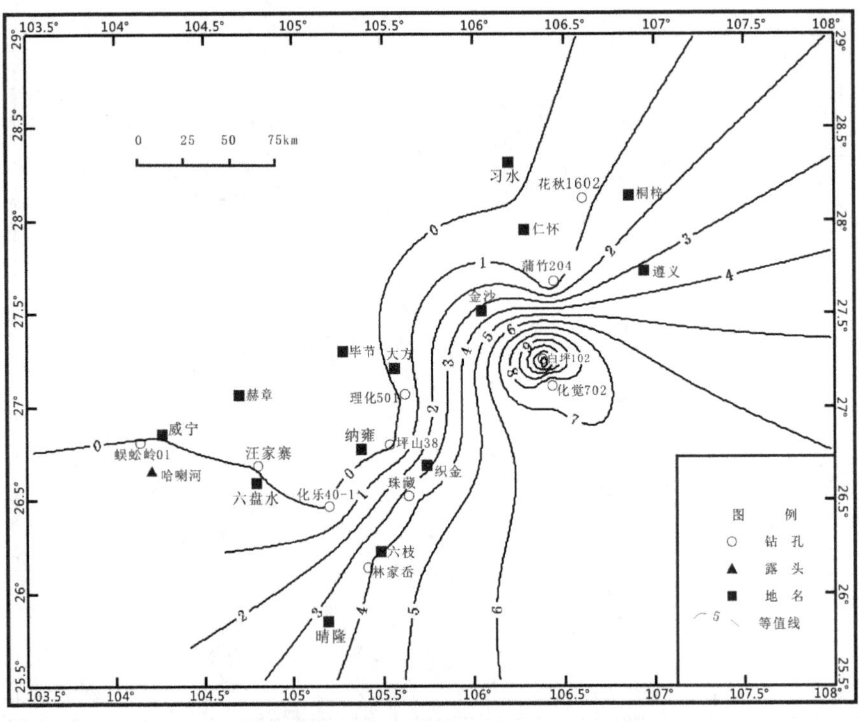

图 4-30 黔西北晚二叠世复合层序Ⅱ灰岩厚度等值线图

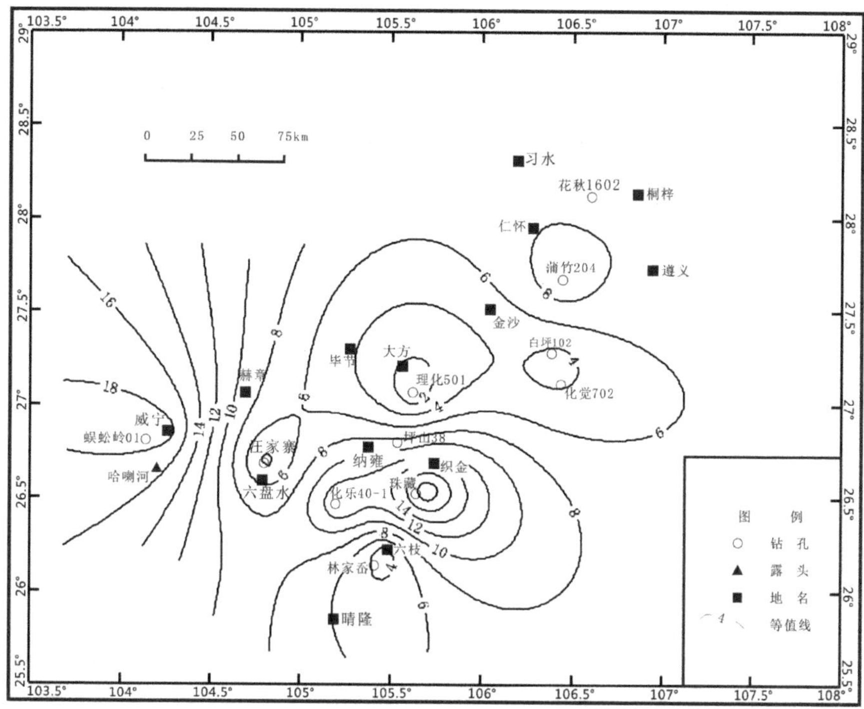

图 4-31　黔西北晚二叠世复合层序 Ⅱ 煤层厚度等值线图

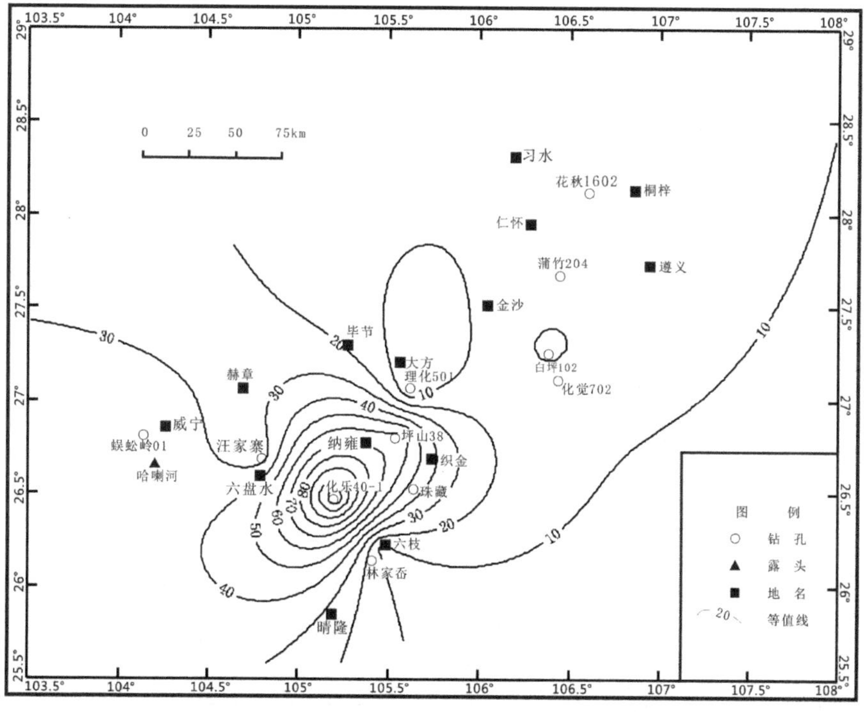

图 4-32　黔西北晚二叠世复合层序 Ⅱ 砂岩厚度等值线图

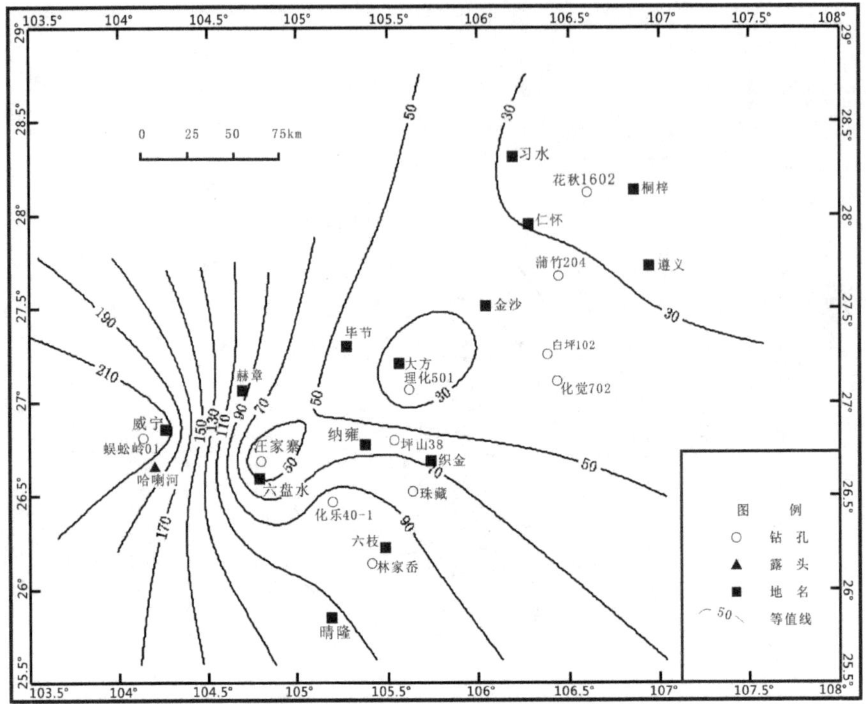

图 4-33 黔西北晚二叠世复合层序Ⅱ泥岩厚度等值线图

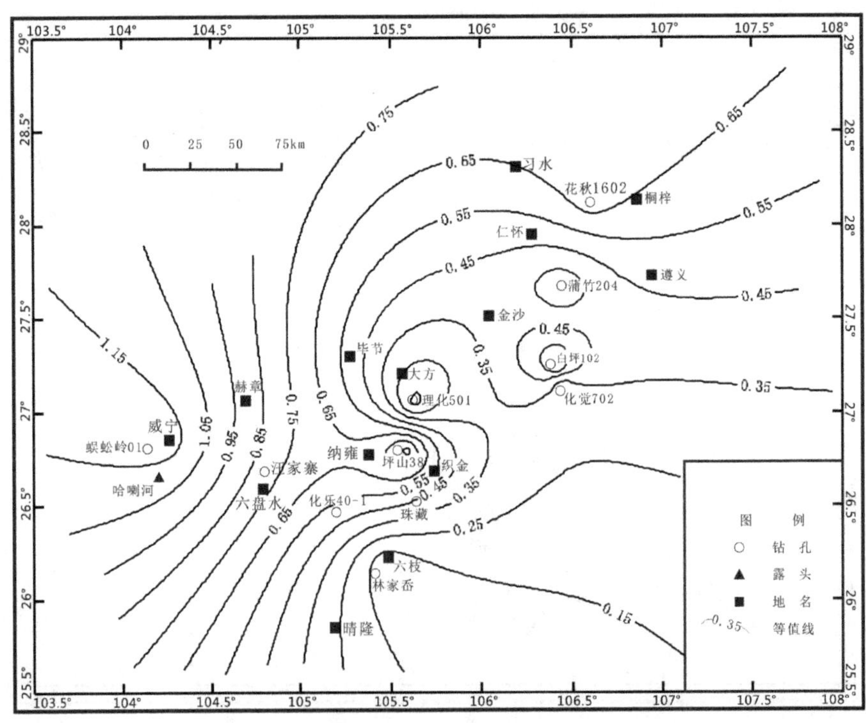

图 4-34 黔西北晚二叠世复合层序Ⅱ砂泥比等值线图

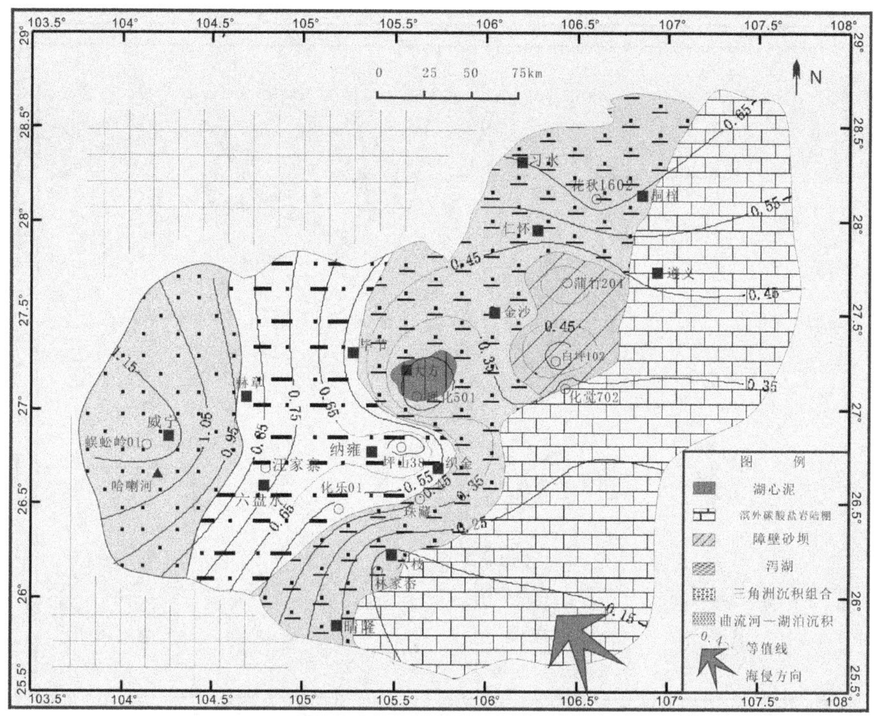

图 4-35　复合层序Ⅱ（龙潭组上段）岩相古地理图

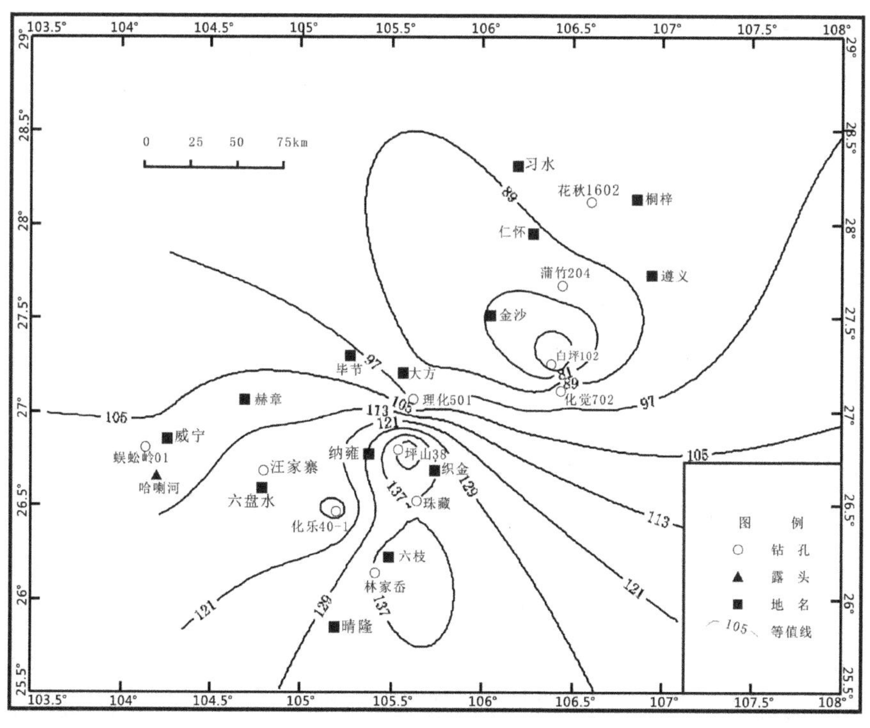

图 4-36　黔西北晚二叠世复合层序Ⅲ厚度等值线图

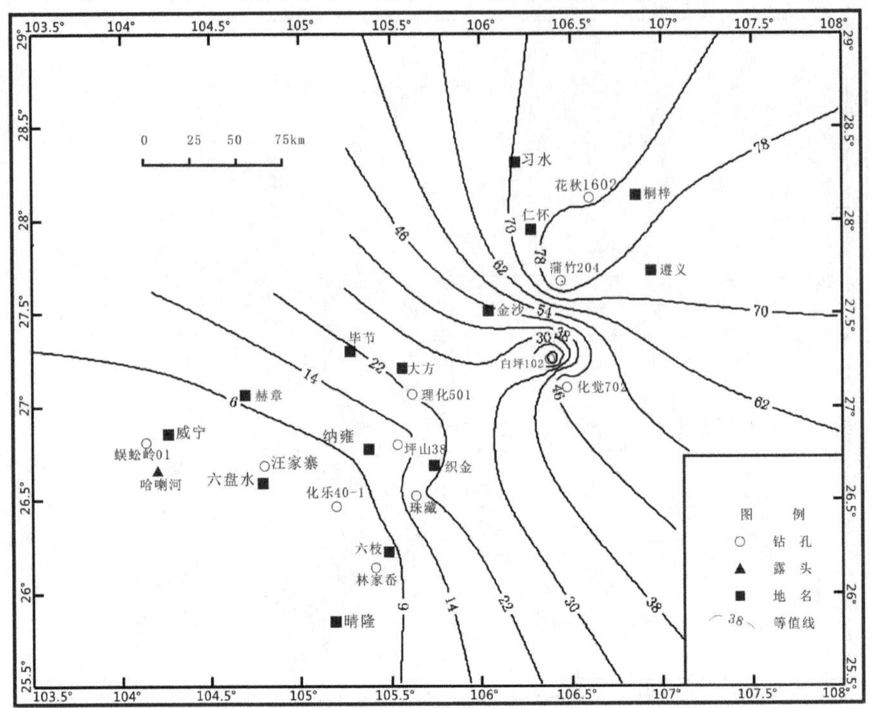

图 4-37　黔西北晚二叠世复合层序Ⅲ灰岩厚度等值线图

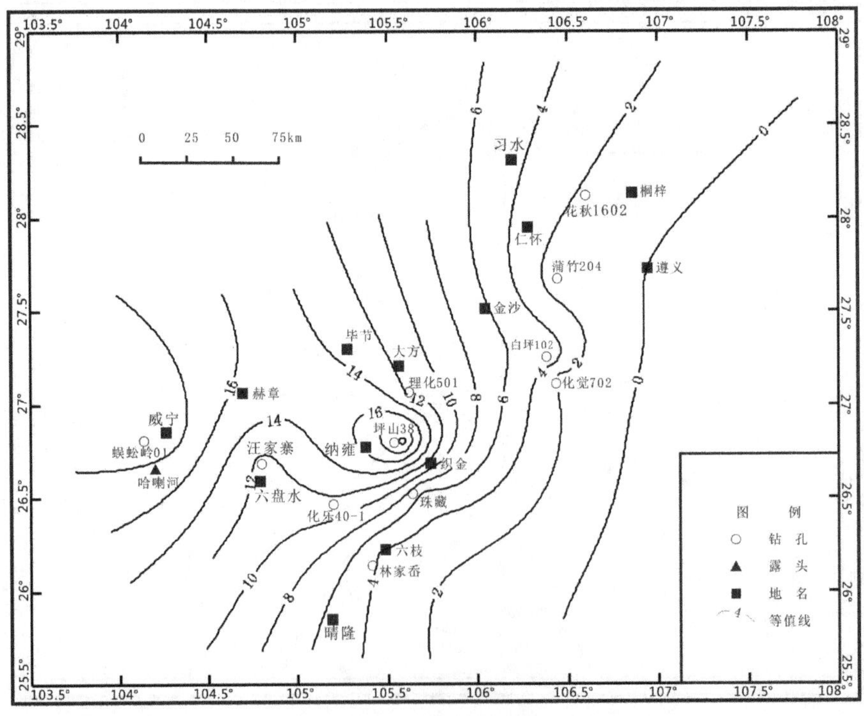

图 4-38　黔西北晚二叠世复合层序Ⅲ煤层厚度等值线图

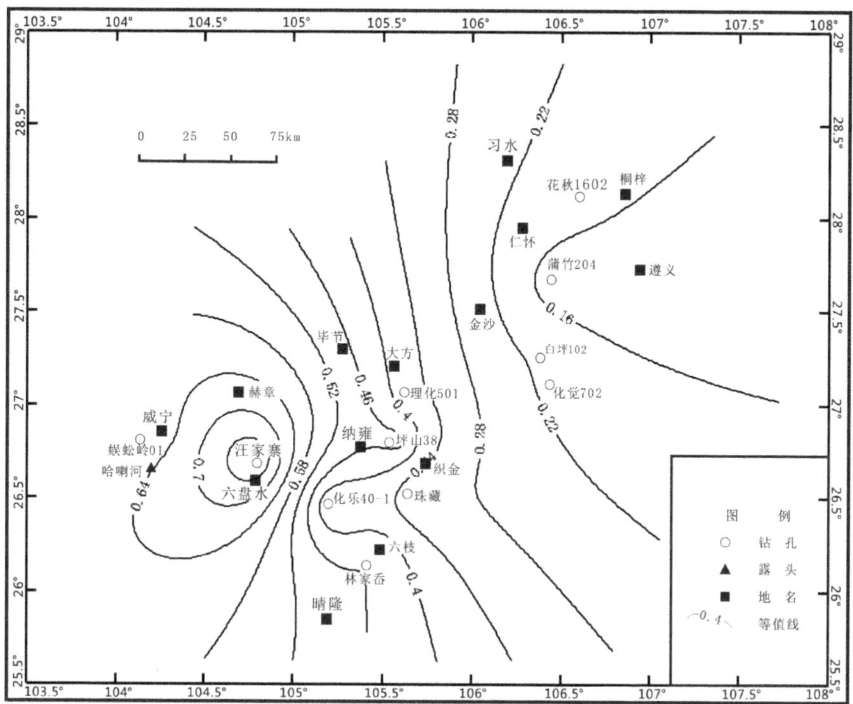

图 4-39　黔西北晚二叠世复合层序Ⅲ砂岩厚度等值线图

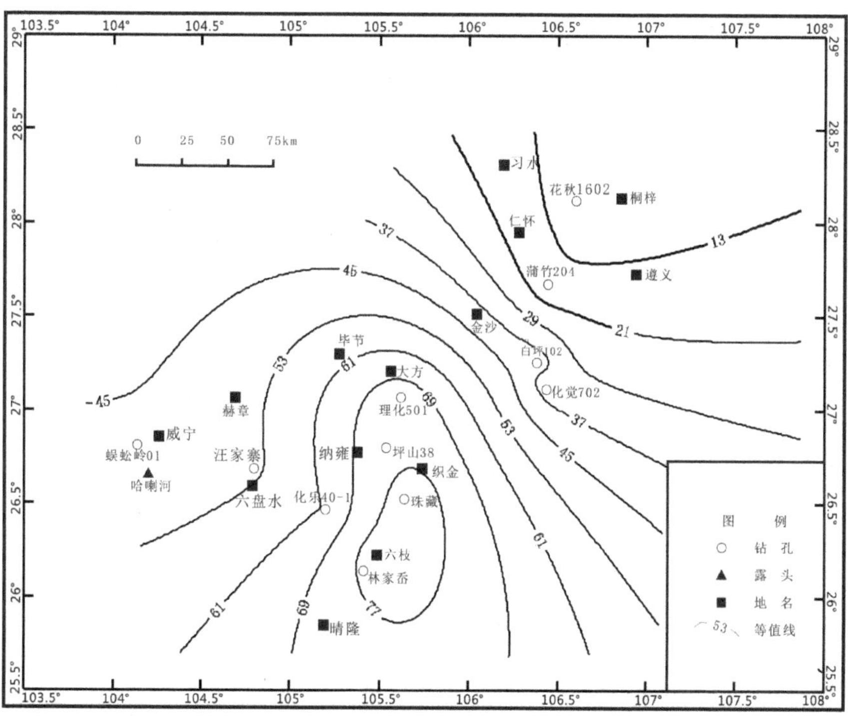

图 4-40　黔西北晚二叠世复合层序Ⅲ泥岩厚度等值线图

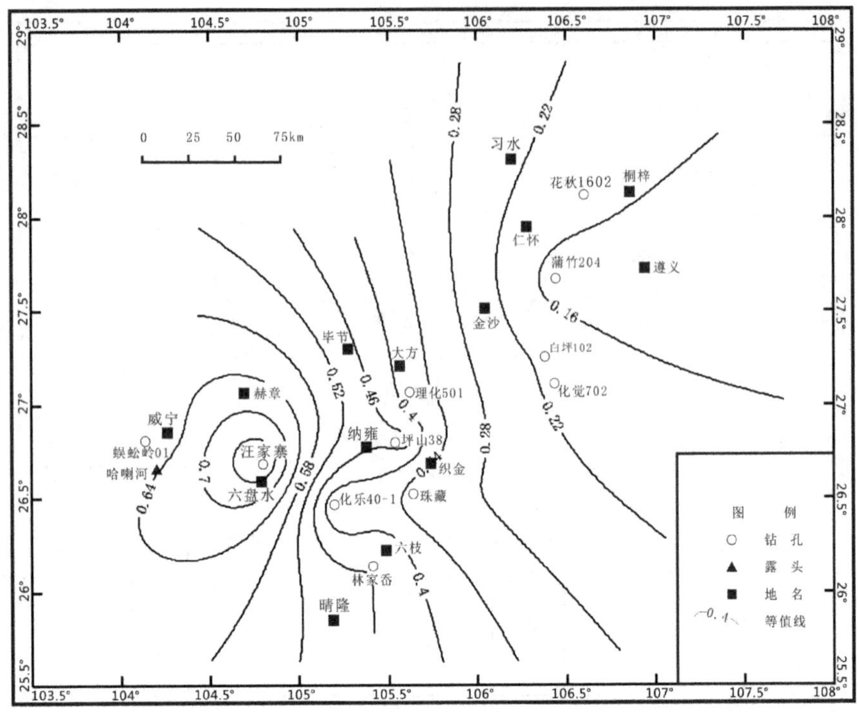

图 4-41　黔西北晚二叠世复合层序Ⅲ砂泥岩比等值线图

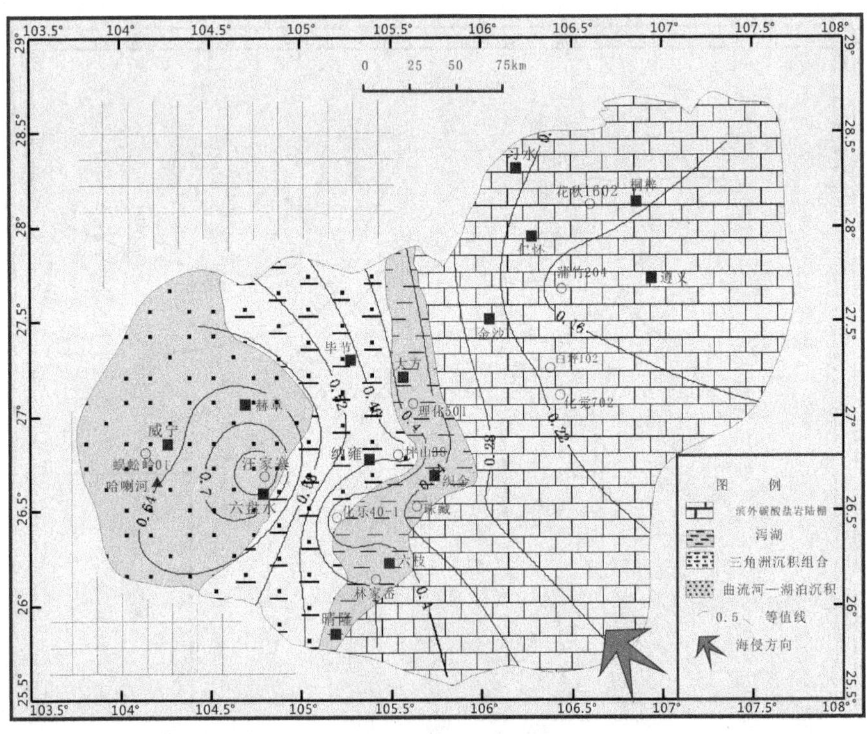

图 4-42　复合层序Ⅲ（龙潭组上段部分及长兴组）岩相古地理图

第5章 聚煤模式研究

5.1 旋转旋回沉积

5.1.1 旋转旋回沉积——可容纳空间变化的非均一性

姜在兴教授等在以松辽盆地白垩纪青山口组可容空间和湖平面研究入手，提出湖平面变化的非统一性与可容空间转换，发现可容空间或相对湖平面变化具有非统一性，提出了可容空间转换系统的概念。该体系的核心价值就是，认为在盆地演化过程中，海（湖）平面或可容空间的变化是统一的。而认为可容纳空间受基底的差异沉降、沉积物的沉积以及绝对湖平面的变化三种因素的控制，断陷盆地内可容空间在时间和空间上的变化并不统一。据可容空间的变化划分出的可容空间增加带、减小带以及转换带所组成的体系及其在平面和垂向上的空间展布称之为可容空间转换系统（姜在兴，2008）。姜在兴教授的可容空间转化系统中传递出一种思想，就是盆地运动的非均一性。这一思想对本次黔西北晚二叠世含煤岩系中沉积转换面识别的研究中启示很大。

研究区在晚二叠世发生三次大的海侵（见图 5-1），但三次海侵的岸线向西北段均没超过了金沙地区。超过大方、纳雍一线，紫云—罗甸断裂以南基本稳定在普安东边，在断裂以北海侵则随时间推移向西迁移，海侵一次比一次大。尤其是长兴期大规模的海侵在在黔西北整个晚二叠世时期海侵岸线整体上发生逆时针方向的旋转。而海陆交互相的沉积也因此发生逆时针方向的旋转旋回沉积。从龙潭期刚开始的海侵方向的大致北东 30°到长兴期末的大致北东 10°。据以往的研究海陆交互相的滨岸线附近是最有利的聚煤地带。而研究区的聚煤中心也是在沿滨岸沉积线发生了逆时针方向的旋转迁移（见图 5-2）。

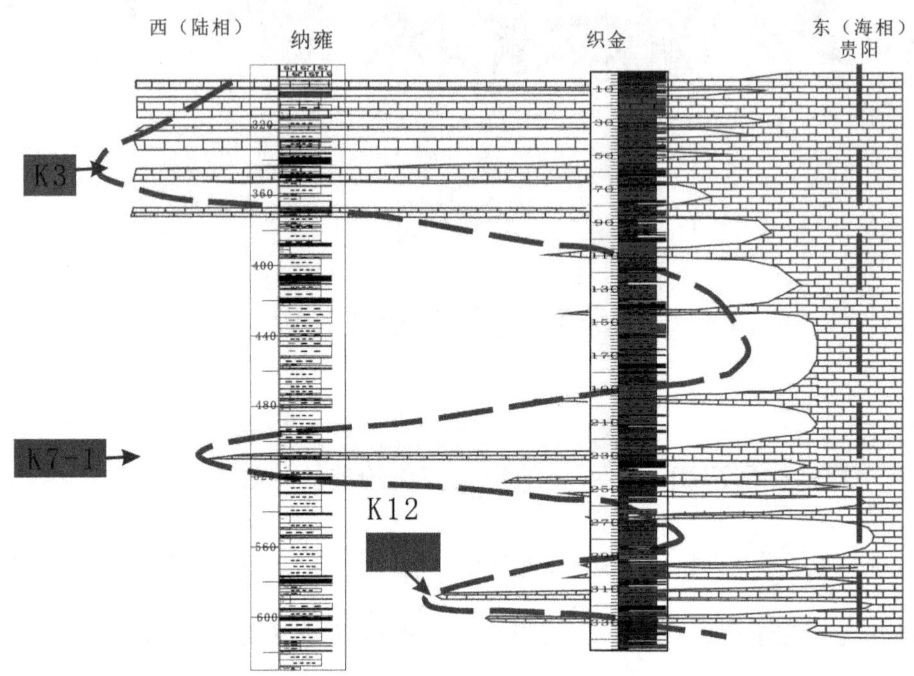

图 5-1　黔西北晚二叠世含煤岩系海侵旋回图（邵龙义等，2008，修改）

研究区的滨岸线发生了逆时针方向的旋转，据海侵的推进方向一致是从研究区的东南方向而来，不考虑海陆水平方向的运动，则滨岸线只能发生东南方向的逐次向陆的推进。如何能发生滨岸线的逆时针方向的旋转呢？则只有一个原因就是海和陆发生了非均一性的运动，如同姜在兴教授提出的可容纳空间的变化是不统一的。众说周知海水是不会发生旋转的，只会发生进退的运动。只有刚性的地质体才会发生大体水平方向的旋转运动。滨岸线的逆时针方向的旋转正好说明了研究区陆地的顺时针方向的旋转，研究区北段长兴期大面积的海侵，证明北段陆发生顺时针方向旋转的同时产生了一个向海下切的运动。使得研究区北段的可容空间迅速增加，而沉积了大范围厚度较大的碳酸盐岩。在长兴期桐梓花秋地区其碳酸盐岩的沉积厚度达到 60m 左右，金沙白坪、仁怀蒲竹在晚期具有较厚的碳刷岩盐沉积。这些也都是研究区发生旋转旋回沉积的很好的证据。

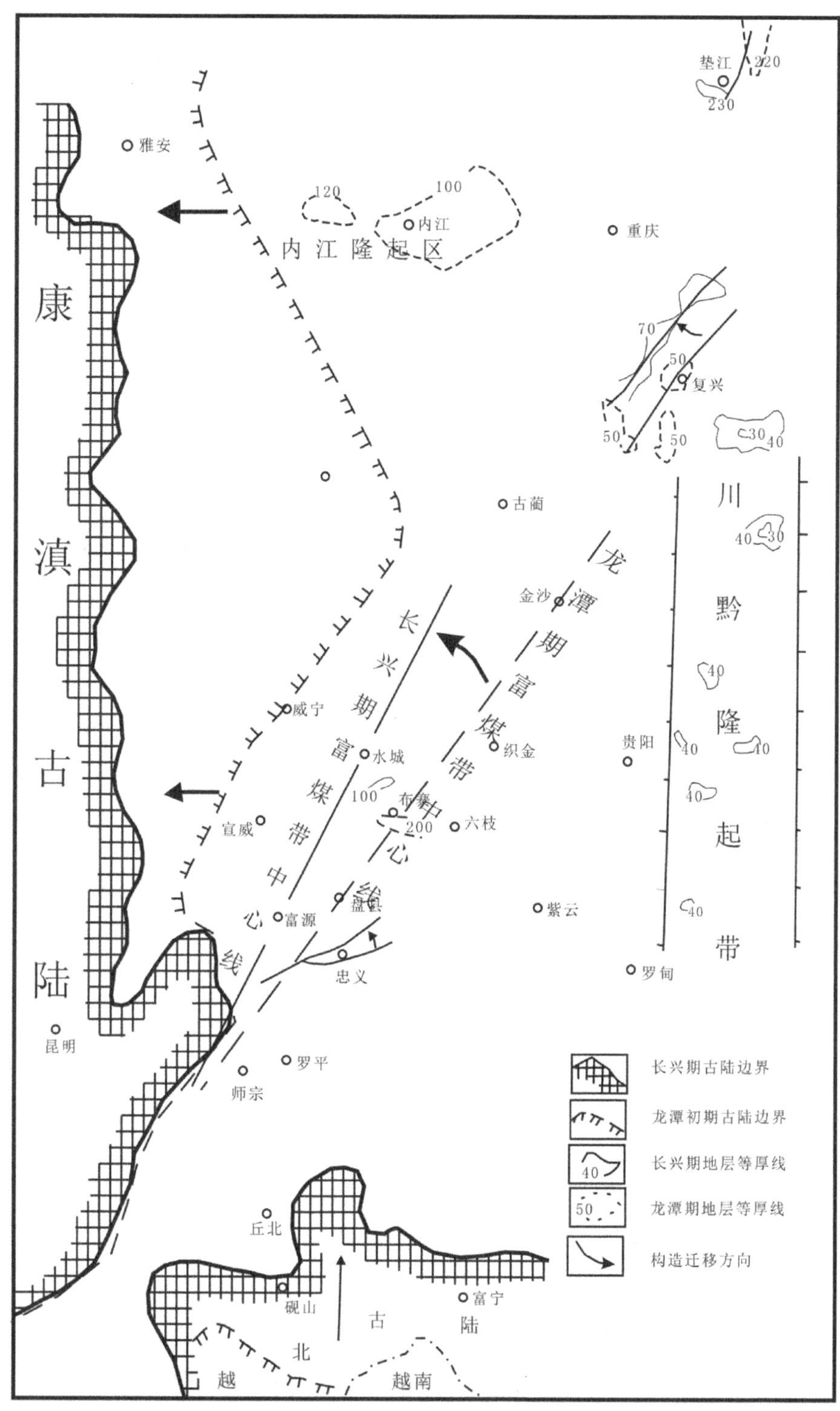

图 5-2　研究区晚二叠世聚煤盆地构造示意图（据张玉成，1996）

5.1.2 旋转旋回沉积——构造的动力机制

国内外学者自 20 世纪 80 年代中后期以来对扬子地台的旋转运动进行过不少研究和探讨。Steiner 等人根据四川东北部广元等地区晚二叠-早三叠磁性地层学研究得出的古地磁方向提出该扬子地台部分地区褶皱走向的变化是由构造旋转造成的。湖南洪家关早三叠世大冶组的古地磁研究也表明了显著的旋转变形。Huang 和 Opdyke 对湖北巴东和湖南桑植中三叠世红层的古地磁研究亦显示 15°到 30°的顺时针旋转，且此两处的古地磁偏角与褶皱轴延伸方向一致，从而认为扬子褶皱带走向的变化是由构造旋转形成，并指出可能是推覆带引起的局部旋转（张 辉，2007）。

也有证据表明，扬子地块在古生代晚期，中生代早期从北半球低纬度开始向北漂移，同时发生顺时针旋转运动，在经历了上千千米的运动后与华北地块碰撞。四川盆地发生顺时针旋转运动。作为扬子地块的组成部分，四川盆地的顺时针旋转运动是通过所测的三叠纪、侏罗纪和白垩纪地层的磁偏角以及盆地周边呈放射状展布的四条断裂的性质厘定的，它们是汶川—茂汶断裂、房县断裂、川东或称渝东断褶束和紫云—罗甸断裂（王二七，2008）。四川盆地的旋转主要受 4 条呈放射状展布的左行走滑断裂协调，它们是汶川—茂汶断裂、房县断裂、紫云—罗甸断裂以及川东断褶带（王二七，2008）。紫云—罗甸左行走滑向北西终结于威宁一带。威宁北西就是川西南山地，在该地区，古地磁和构造研究结果揭示，在中生代，扬子地块具有高度的构造活动性：一方面与秦岭发生陆内汇聚作用，另一方面发生顺时针旋转。

5.2 旋转旋回沉积的聚煤模式

5.2.1 沉积体系配置及演化

晚二叠世时期，扬子区属陆表海性质。古地貌特征为：西侧是康滇玄武岩山地，向东为大面积平坦宽泛的陆地、呈西高东低向盆地中心缓倾斜的、古坡度很缓的斜坡，建构成研究区以西的宽阔的陆源碎屑岸带。由于基地的沉降幅度的差异、扬子板块的二叠世的顺势方向旋转产生的沉积盆地差异，为碎屑供给条件、河流-波浪-潮汐作用的强弱变化以及古地貌特征的不同创造了原始的条件。在陆源碎屑岸带不同部位分别可以出现三角洲沉积组合、三角洲沉积组合主要出现在水城一带。障壁碎屑岸线沉积组合和潮坪-海滩沉积组合主要出现在纳雍织金一带；在障壁碎屑岸线沉积组合带可以识别出深湖泥相沉积；这在金沙白坪矿区及大方理化识别出了潟湖深湖中心泥岩沉积。而向陆方向它们均过渡为曲流河-湖泊沉积组合，在威宁一带主要就为曲流河-湖泊沉积组合。再向陆（向西）在紧邻康滇古陆的地带存在着冲积扇—辫状河沉积组合（已经属于云南宣威境内的沉积特征）。陆源碎屑滨岸带东侧广大区域分布着滨岸浅海沉积组合，上述同期发育的沉积组合带之间存在着指状交互地带。

在晚二叠世研究区的不同沉积阶段，各沉积组合带受构造、差异沉降及海平面等的各种因素的影响制约而发育壮大或逐渐消亡，进而影响到沉积组合面貌及沉积体系配置发生一定程度的变化，形成了不同的古地理格局。横跨研究区黔南拗陷及黔北隆起的南部和北部的沉积差异，占据主导作用的研究区的顺时针方向的旋转引起的沉积转换，反映了各时期沿沉积倾向不同的旋转旋回沉积组合的配置关系及其内部的相构成特点。

（1）龙潭早期。龙潭早期大致相当于复合层序Ⅰ沉积时期，研究区晚二叠世早期的沉积作用是继东吴运动之后，地壳经过较长时间的剥蚀夷平后随广泛的海侵而发生的。频繁的海水进退，最终形成了比较复杂的滨岸带，研究区在龙潭早期总体处于海侵期，而后短暂的海退期，海水自西南方向侵入，最高滨岸线大致位于贵州水城玉舍—黔西土城—盘县火铺一线。其西侧为曲流河-湖泊沉积组合，物源区为西部的康滇古陆。黔西赫章，威宁一带发育规模较大的曲流河和浅水湖泊沉积，最高岸线以东为宽阔的陆源碎屑岸带，不同部位出现不同的旋转旋回沉积组合特征。总的来说，滨岸线附近由于受海水的进退影响更显著，旋回沉积频次更高。

（2）龙潭晚期。龙潭晚期大致相当于复合层序Ⅱ沉积时期，龙潭晚期在早期的基础上开始出现较大规模海侵，最高滨岸线向西进至贵州赫章—水城—盘县附近。其研究区以西仍分布着曲流河-湖泊沉积组合。三角洲沉积组合在研究区的规模变小，主体位于黔西六盘水—织纳一带。黔西北龙潭早期发育的三角洲，因晚期的海侵作用增强而遭破坏，形成向西推进的潮坪潟湖、障壁砂坝为主的障壁型碎屑岸线沉积组合，煤层形成与潮坪和淤塞的潟湖之上，厚度变化较大。位于陆源碎屑岸带以东的滨海沉积组合分布范围比龙潭早期有所扩大，逐渐向陆扩展。由于研究区陆地顺时针方向的旋转，研究区以北的旋转旋回沉积特征更明显。

（3）长兴期。长兴期大致相当于复合层序Ⅲ的沉积时期。进入长兴期，扬子区海侵规模加速加大，因研究区地体的顺时针方向旋转作用，最高岸线急剧向陆地迁移。大致向西迁移至桐梓一线以西。研究区最高岸线以西仍为曲流河-湖泊沉积组合，由于地体旋转作用的影响曲流河-湖泊沉积组合带反而变宽。随着陆相冲积环境分布范围缩小和碎屑搬运距离的缩短，河流作用增强。六盘水附近出现三角洲沉积组合，三角洲间和旁侧的滨岸带为障壁型碎屑岸线沉积组合。

与龙潭期相比，长兴期沉积环境的显著特征是：滨浅海沉积范围在黔北继续扩大，在研究南部地区变化不太明显。而陆地及陆源碎屑滨岸带的范围则进一步缩小；在海侵的同时，西部河流作用仍十分强烈，河流携带的大量碎屑物质在入海口形成了规模较大的三角洲沉积。

5.2.2 旋转旋回沉积聚煤模式

若将形成煤层的滨岸线地带视为具备一定平缓的坡度的理想状态，则当在海平面的三级升降升降旋回中，在海平面从最低点向最高点运动的阶段，有利于煤层发育的海陆过渡环境将向陆地方向迁移；而在海平面从最高点向最低点运动的阶段，有利于煤层发育的过渡环境将向海的方向迁移（邵龙义等，2003）。这是一个假想的相对海平面只发生垂向方向的升降运动，而这种理想的缓坡沉积旋回聚煤中心的迁移只发生海侵线方向的迁移，总的来说也是在斜坡方向的沉积旋回（见图5-3）。而研究区的聚煤规律远比这复杂，研究区晚二叠世含煤性普遍较好，龙潭期和长兴期均形成了多层可采煤层。

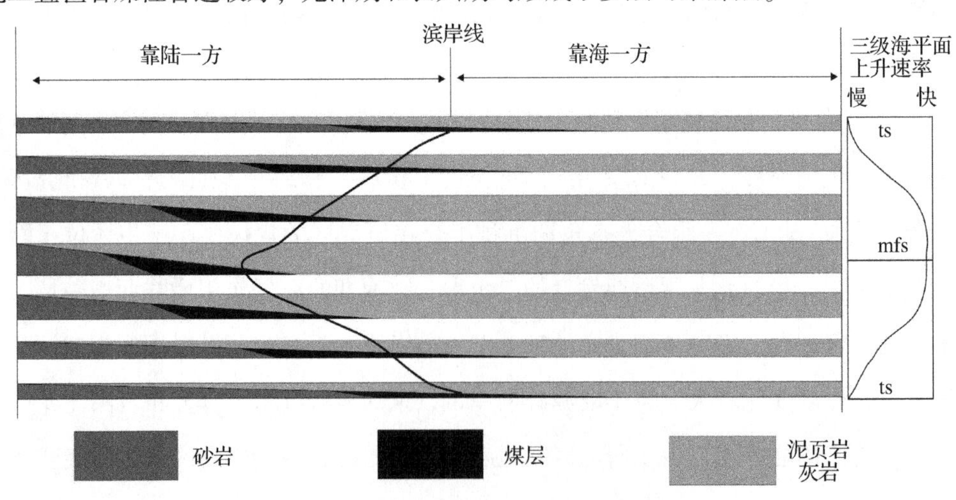

图5-3 三级相对海平面变化过程中滨海平原过渡带迁移示意图

这些煤层往往在有利的古构造、古地理部位持续发育，最终形成了黔西北晚二叠世最重要的富煤带—水城煤田和织金纳雍煤田。黔西北晚二叠世含煤岩系含煤层数多，累计厚度大于 10m 的地带集中于黔西六盘水—织纳一带，富煤中心的可采煤层累计厚度达 40m 以上。研究区晚二叠世各个时期的含煤性存在一定的差异。龙潭早期含煤面积分布最广，含主要可采煤 2~3 层。可采煤层累计厚度大于 5m 的富煤带有六盘水富煤带。龙潭晚期含煤面积比早期略微减小，含主要可采煤 2~5 层。主要有织金—纳雍富煤带和六枝—盘县富煤带。长兴期含煤面积比龙潭期大大缩小，含主要可采煤层 1~3 层。富煤带面积缩小并向康滇古陆推近，集中在黔西北水城—盘县一带。上述 3 个时期的富煤带从龙潭早期到长兴期逐渐向陆（向西）迁移，分布面积以龙潭早期最大，长兴期最小。龙潭早期富煤带主要集中在黔西北地区，龙潭晚期富煤带主要集中在黔西并延伸至水城—盘县一带。总之，富煤带总体变化趋势是：随时间推移，聚煤作用发生的地区及富煤带展布的范围逐渐缩小，由于海侵的影响其东界向西迁移，又因研究区地体旋转的作用北界向南迁移，富煤带趋于集中。例如汪家寨—花秋连井剖面层序地层格架下的聚煤中心的迁移分析可以看出：研究区聚煤中心在复合层序Ⅰ时期基本沿滨线附近没有什么大的变化。譬如水城汪家寨矿区的聚煤厚度在 4. 2m；突出点的是大方理化矿区的聚煤厚度达 7. 2m；其余向北方向的金沙白坪、仁怀蒲竹、桐梓花秋则较稳定的稳定在 1~2m 左右。这说明在龙潭早期复合层序Ⅰ时期研究区在各个地方的沉积旋回频率大致相当，陆地的顺时针方向的旋转对海水的进退影响还是不太明显。而在龙潭晚期相当于复合层序Ⅱ时期研究区则发生了较大规模的聚煤中心的迁移。水城汪家寨的聚煤厚度稳定在 4m 左右；复合层序Ⅰ阶段理化聚煤中心由于陆地的顺时针方向的旋转而向北发生迁移，仁怀蒲竹的聚煤达到 10m 左右；而桐梓花秋的聚煤厚度也达到了 7m 左右；总的聚煤中心在复合层序Ⅱ时期发生了向北的迁移。在复合层序Ⅲ沉积阶段属于长兴期的大规模的海侵，复合层序Ⅱ沉积阶段的聚煤中心的仁怀蒲竹和桐梓花秋，其聚煤厚度在复合层序Ⅲ阶段却只降为只有 2~3m 的薄煤层。其聚煤中心反而向沿蒲竹—白坪—理化—汪家寨的回迁。聚煤中心重新回到理化、汪家寨一带的织金珠藏的聚煤厚度在 7m 左右（见图 5-4），而到大方聚煤厚度则变为 11m。这说明在龙潭晚期发生了大规模的聚煤中心的迁移。聚煤中心的迁移说明在滨岸线的不同位置，即在黔西北汪家寨、珠藏、理化滨岸线发生了不同频率的沉积旋回。高频的沉积旋回是产生多次聚煤的必要条件。陆地的旋转会使不同的滨岸地带产生沉积旋回的频次和幅度会不同。

是什么力量使得在滨岸线的聚煤中心发生这样大的迁移，如果只是相对海平面升降引起的海水进退则很难解释这种滨岸线附近发生的沉积旋回频率如此大的差异性。有一点可以解释这种现象。就是陆地的旋转下截可以解释这种差异性沉积旋回（见图5-5）。

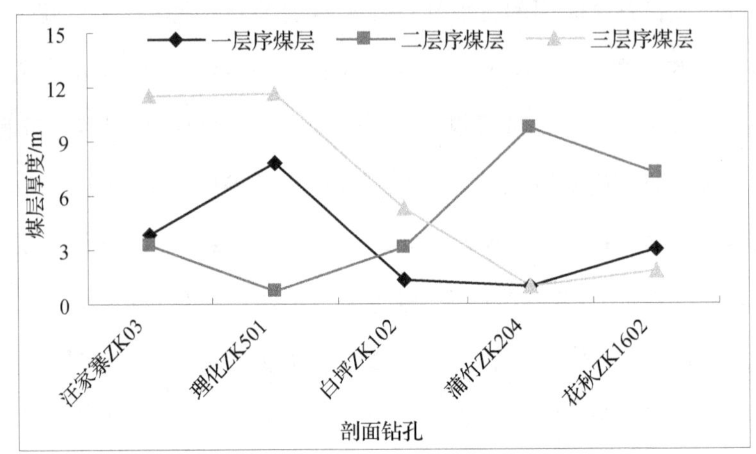

图5-4　黔西北晚二叠世层序地层格架下的聚煤厚度图

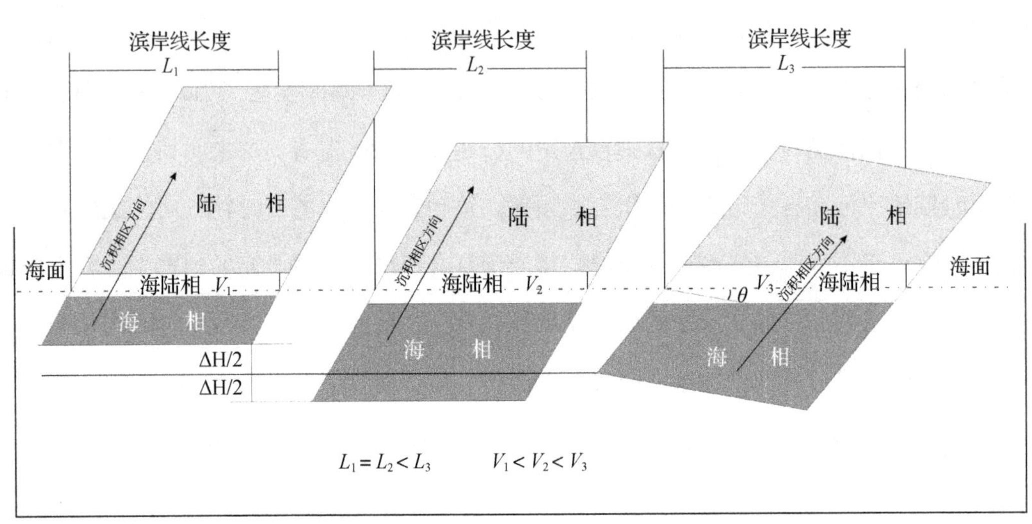

图5-5　西北旋转含煤岩系旋转旋回沉积模式图

研究区黔西北属于扬子地台西南缘。有证据表明，扬子地块在古生代晚期，中生代早期从北半球低纬度开始向北漂移，同时发生顺时针方向旋转运动，在经历了上千千米的运动后与华北地块碰撞，导致了秦岭造山带的隆起，东古特提斯海的关闭和四川盆地的形成，这一构造作用一直持续到早新生代。在研究区处于顺时针方向旋转的地质体上，只是单一的海平面升降其滨岸线的长度是不会发生变化的，如图中的 $L_1 = L_2$，同样的因为滨岸线的无增加，使得可容纳空间只是在垂向上的增加，如果海陆发生垂直方向升降运动的同时又发生水平方向的旋转运动。这样就使得旋转下截运动产生的有效可容纳空间比只是单一的相对海平面的升降产生的可容纳空间要大，$V_2 < V_3$。研究区南部处于旋转半径的近端，而研究区北部处于旋转半径的远端。在旋转中沿旋转半径，无论近端还是远端其旋转角速度是一样的，但沿旋转轴其旋转线速度是不一样的，在研究区南部旋转半径以近产生的海面下截幅度自然比研究区北部旋转半径以远产生的海面下截幅度要小，而大的的海面下截幅度所产生的滨岸线的长度也要沉积旋回频率也就自然要低于大的海面下截幅度所产生的滨岸旋回频率。高频率的沉积旋回会引起多次的聚煤。这就是聚煤中心在旋转旋回沉积的模式下会发生较大幅度的迁移。另外旋转旋回沉积模式下，因为陆地向海有一定方向的倾斜，若只是海平面的相对升降运动，则一次聚煤是很难覆盖在不同的沉积相区上的，因为在只有相对海平面的升降运动，不同相区的相对高差较大，而成煤一定是要在泥潭沼泽的环境中，所以说在相对高差的环境中，要同时形成泥潭沼泽环境是不太可能的事情，但是旋转运动刚好能解释这个问题，假使相对较低的相区（也就是与海平面的垂直距离越近以及与海平面的水平距离越近的相区）作为在一次成煤事件的旋转半径的近端，自然这个相区下截到海平面以下的幅度就会比旋转半径远端下截的幅度要小，旋转半径远端的相区是相对较高的相区（也就是垂直距离与海平面越远以及与海平面的水平距离越远的相区）。不同相区与海平面的水平与垂直方向上的距离差别可以在通过下截旋转运动达到与海平面的下截幅度大致一致的效果。不同相区下截幅度一致，则滨岸线地方的旋回频率也就较一致，这就能较好的解释在一次成煤事件中，煤层可以横跨不同的相区。若是旋转运动引起的幅度变化与在旋转半径不同的地方与海平面的高差改变幅度相一直，则会发生聚煤中心向旋转半径以远的方向迁移。若海陆交互的地质体在发生旋转的时候还产生一个向海的下截运动，这就会使得滨岸线的沉积过程更加复杂。在研究区先是聚煤中心向北迁移，因陆地的旋转下截运动，使得研究区北部陆地入海的幅度大于南部而成为碳酸盐岩台地而发生聚煤中心的回迁。这从研究区灰岩的沉积特征可以看出（见图 5-6）。

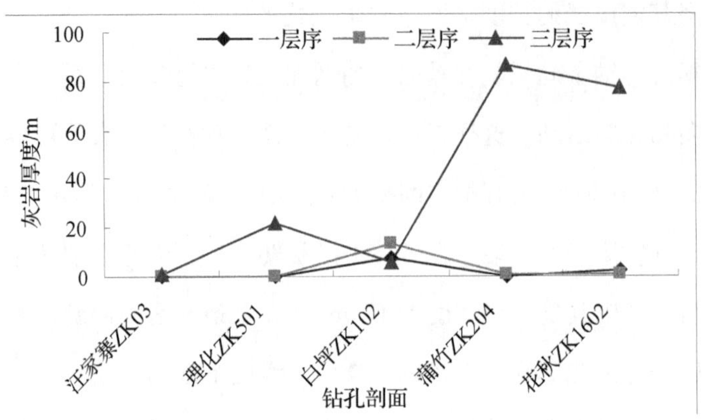

图 5-6　黔西北晚二叠世层序地层格架下的灰岩厚度图

在复合层序Ⅰ的沉积阶段灰岩均不发育，只在金沙白坪有所发育，在复合层序Ⅱ的沉积阶段由于研究区陆地的旋转下截运动还不太明显，灰岩继续在金沙一带发生较大厚度的沉积，在复合层序Ⅲ的沉积阶段大体相当于长兴期，研究区陆地发生大规模的顺指针方向的下截旋转运动，而在北段产生高可容纳空间致使碎屑物源的不足而沉积灰岩；而在南段因旋转下截运动不足以发生大规模的灰岩沉积而只间歇性的高水位期发生灰岩沉积。

结　论

本研究主要利用黔西北丰富的测井、岩芯数据等资料结合沉积学及高分辨层序地层学基本理论对黔西北晚二叠世含煤岩系进行深入剖析。其中以晚二叠世含煤岩系三级、四级层序界面的识别并划分出的等时地层格架为基础。在此基础上以构造动力机制结合探讨了黔西北晚二叠世的聚煤规律，主要取得了以下五方面的研究成果及认识。

（1）黔西北晚二叠世含煤岩系等时地层格架的的建立。对晚二叠世的含煤岩系地层共划分了三个三级复合层序。复合层序Ⅰ低位层序组不发育，只发育了海侵层序组和高位层序组。复合层序Ⅱ高位层序组不发育，在低位层序组和海侵层序组中，海侵层序组很发育。复合层序Ⅲ中三个层序发育完全，相比较而言高位层序组发育。

（2）晚二叠世的沉积环境及沉积组合特征。从重点钻孔剖面的解析及等时地层格架下的连井沉积相所反映出研究区的沉积环境及其在垂向上组合特征的综合分析中，归纳出研究区晚二叠世的沉积环境主要为滨外碳酸盐台地沉积体系、障壁碎屑岸线沉积体系、并在障壁碎屑岸线沉积体系中识别出障壁砂坝、潟湖，进而在潟湖中识别出局部深湖泥质沉积。在三角洲沉积体系中识别出上三角洲沉积组合、下三角洲沉积组合。

（3）研究区各沉积组合的含煤性在晚二叠世及其各期富煤带的形成与分布直接受控于古地理环境。龙潭早期、晚期、长兴期富煤带属于海陆过渡相的沉积环境，其分布范围与陆源碎屑岸带的范围相吻合。说明陆源碎屑岸带是晚二叠世聚煤作用发生的主要地带，聚煤作用强。而各期富煤带的形成与分布的继承性和不均一性，与各期处于陆源碎屑岸线地带因基准面变化所引起的沉积体系域的配置密切相关。从晚二叠三级复合层序的岩相古地理图结合晚二叠世各期富煤带的分布认为富煤带与三角洲沉积组合关系最为密切，其次为障壁岸线沉积组合。

（4）旋转旋回沉积可引起可容纳空间的非均一性变化。由于研究区海陆交互相沉积环境陆地向海的顺时针方向的旋转使得水城方向处于旋转半径的近端，而研究区滨岸线以北靠旋转半径的远端。因旋转的角速度是一样的，而线速度不一样与相对海平变化的叠加发生可容纳空间的非均一性变化，进而引起煤体展布态势及聚煤中心发生变化。这在一定程度上可以解释邵龙义教授提出的在幕式聚煤中一次聚煤可以横跨不同的相区甚至不同的聚煤盆地的聚煤现象。

（5）研究区晚二叠世含煤岩系的形成经历了龙潭期—长兴期持续海进的过程。尤其是晚二叠世由于地质体的顺时针方向的旋转在黔北地区有一个“下切”入海的幅度大于研究区南部的水城六枝等地区，这样就使得在研究区北部海侵范围大于研究区南部的海侵范围。有利于聚煤的陆源碎屑滨岸带随滨岸线的变迁而发生由海向陆的有规律迁移，从而引起富煤带的迁移。总体上在复合层序Ⅰ沉积阶段聚煤中心在南部水城一带，而在复合层序Ⅱ沉积阶段聚煤中心沿北东方向北迁移至金沙仁怀，在复合层序Ⅲ沉积阶段由于陆地顺时针方向的旋转下截幅度偏大，研究区金沙、仁怀和桐梓等地具为碳素岩盐台地沉积环境，使得聚煤中心发生向南的回迁。

附　　录

笔者攻读博士研究生期间完成的科研成果

一、学术论文

[1] 陈朝玉，黄文辉，陈国勇. 贵州晚二叠世炼焦煤分布成因解析 [J]. 中国煤炭地质，2010，22（5）：7-13.

[2] 陈朝玉，黄文辉，谭华. 振动对松软含煤夹层顺层边坡稳定性影响的模型研究 [J]. 矿业工程研究，2010，25（2）：29-32.

[3] 陈朝玉，黄文辉，陈国勇. 爆破模拟对柔弱夹层顺层边坡的稳定性诊断 [J]. 湖南科技大学学报（自然科学版），2010，25（3）：55-58.

[4] 陈朝玉，黄文辉，陈国勇. 模拟地下磁流体探测原理及其应用研究 [J]. 湖南科技大学学报（自然科学版），2011，26（1）：9-14.

[5] 李嘉光，郭少斌，陈朝玉. 大庆油田资源量增长趋势及其主控因素解析 [J]. 地学前缘，2009，16（6）：379-383.

[6] 兰安平，陈朝玉. 热液循环系统对黔西南高砷煤作用研究 [J]. 科技信息，2010，25（2）：353-354.

二、主持和参加的主要项目

[1] 全国矿产资源潜力评价——贵州铅锌矿产资源评价（全国矿产资源潜力评价项目）

[2] 黔西北高分辨率层序地层龙潭组聚煤模式研究

[3] 贵州黄丝—江洲地区煤炭源评价项目

[4] 四川马边磷（铅锌）矿勘探项目

[5] 贵州省赫章县烂木桥煤炭（贵州地矿局科研项目）

[6] 贵州省瓮安县煤田地质评价（贵地矿局-瓮安煤矿合作勘查项目）

参考文献

[1] 黄文辉. 煤中有害物质的赋存特征及其对环境的影响研究进展 [J]. 地学前缘，2000，7 (3)：34-45.

[2] 郝黎明. 克拉通盆地含煤岩系高分辨率层序地层学研究——以贵州西部上二叠统为例 [D]. 北京：中国矿业大学（北京），2000：119.

[3] 黄文辉，等. 华北晚古生代煤的稀土元素地球化学特征 [J]. 地质学报. 1999，73 (4)：132-136.

[4] 李宝芳，温显端，李贵东. 华北石炭、二叠系高分辨层序地层分析 [J]. 地学前缘 (增刊)，1999，6：81-94.

[5] 李思田，等. 鄂尔多斯盆地东北部层序地层学及沉积体系分析 [J]. 北京：地质出版社，1992.

[6] 李思田，李祯，林畅松，等. 含煤盆地层序地层分析的几个问题 [J]. 煤田地质与勘探，1993，21 (4)：1-8.

[7] 李增学，单松炜. 陆表海盆地含煤地层的高分辨率层序地层研究 [J]. 煤田地质与勘探，2000 (4)：13-16.

[8] 李增学，魏久传，王明镇. 华北南部晚古生代陆表海盆地层序地层格架与海平面变化 [J]. 岩相古地理，1996，16 (5)：1-11.

[9] 刘宝珺，许效松，等. 中国南方古大陆沉积地壳演化与成矿 [J]. 北京：科学出版社，1993：236-242.

[10] 邵龙义，张鹏飞. 含煤岩系层序地层模式 [J]. 长春科技大学学报（专辑），1998：67-72.

［11］邵龙义，张鹏飞，窦建伟，等. 含煤岩系层序地层分析的新认识——兼论河北晚古生代层序地层格架. 中国矿业大学学报［J］，1999，28（1）：23-34.

［12］吴浩若，邝国敦，王忠诚. 广西晚古生代构造沉积背景的初步研究［J］. 地质科学，1997，32（1）：11-18.

［13］武法东，陈钟惠，张守良，等. 华北晚古生代含煤盆地层序地层初探［J］. 中国煤田地质，1994，6（1）：11-18.

［14］夏文臣，等. 成因地层分析——以贵州西部织金地区为例［M］. 北京：中国地质大学出版社，1989：34-46.

［15］范维唐. 煤炭在能源中处于什么地位［J］. 中国煤炭，2001，27（8）：5-8.

［16］刘志逊，陈和替，黄文辉. 我国煤炭资源状况及勘查策略［J］. 煤炭技术，2005，24（10）：1-2.

［17］陈儒庆，等. 广西东罗晚二叠世煤的地球化学及化学结构特征［J］. 大地构造与成矿学，1995，19（2）：145-154.

［18］代世峰，等. 低温热液流体对煤中伴生元素的再分配及赋存状态的影响——贵州织金上二叠统煤系为例［J］. 地质学报，2002，（4）：231-245.

［19］代世峰，等. 华北与黔西地区晚古生代地层中铂族元素赋存状态及来源［J］. 地质论评，2003，49（7）：439-444.

［20］丁振华，等. 黔西南高砷煤中砷赋存状态的 XAFS 和铁的 MO ssbauer 谱研究［J］. 高校地质学报，2003，9（2）：273-278.

［21］丁振华，郑宝山，庄敏，等. 贵州燃煤型砷中毒地区煤的微量元素的赋存状态［J］. 矿物学报，2005，25（4）：357-362.

［22］黄文辉，杨起. 燃煤过程中有害元素转化机理研究进展［J］. 地质科技情报，1999，18（1）：71-74.

［23］黄文辉，杨起，汤达祯，等. 华北晚古生代煤中稀土元素地球化学特征［J］. 地质学报，1999，73（4）：360-369.

［24］黄文辉，杨起，汤达祯，等. 陶枣煤田晚古生代煤中硫及伴生有害元素分布特征［J］. 地学前缘（增刊），1999，6：45-52.

[25] 黄文辉，杨起，汤达祯，等. 枣庄煤田太原组煤中微量元素地球化学特征 [J]. 现代地质，2000，14 (1)：61-67.

[26] 黄文辉，杨起，汤达祯，等. 潘集煤矿二叠纪主采煤层中微量元素亲和性研究 [J]. 地学前缘（增刊），2000，7：263-270.

[27] 赵征，陈朝玉，谭化. 黔西北晚二叠世含煤岩系高分辨层序地层分析 [J]. 中古煤炭地质，2014，19 (13) 34-45.

[28] 董理. 煤的工业分析重要性浅议 [J]. 山西焦煤科技，2005 (5)：22-25.

[29] 胡社荣，等. 煤相研究方法综述 [J]. 地质科技情报，1998，17 (1)：62-66.

[30] 黄昔容，等. 灵武煤田延安组煤的煤岩煤质特征及地质解释 [J]. 中国煤田地质，1999，11 (2)：15-18.

[31] 雷家锦，等. 贵定超高有机硫煤硫的聚集模式 [J]. 科学通报，1994，39 (15)：1405-1408.

[32] 雷家锦，等. 不同沉积环境成因煤显微组分的有机硫分布 [J]. 煤田地质与勘探，1995，23 (5)：14-19.

[33] 雷家锦，等. 贵定超高有机硫煤中的细菌体及其意义 [J]. 岩石学报，1995，11 (4)：456-461.

[34] 李大华，等. 贵州晴隆矿区 K6 煤层的矿物学特征与地质成因 [J]. 煤炭学报，2005，30 (1)：49-52.

[35] 李文华，等. 中国主要矿区煤的显微组分分布特征 [J]. 煤炭科学技术，2000，28 (9)：31-34.

[36] 李文华. 中国煤质研究的展望. 煤，2001，10 (4)：7-9.

[37] 李小明，曹代勇，张守仁，等. 不同变质类型煤的 XRD 结构演化特征 [J]. 煤田地质与勘探，2003，31 (3) 5-7.

[38] 李小彦，等. 一种值得关注的高效洁净煤资源——云南昭通小法路矿无烟煤性能研究 [J]. 中国煤田地质，2003，15 (1)：13-14.

[39] 刘国根，等. 煤的红外光谱研究 [J]. 中南工业大学学报，1999，30 (4)：371-373.

[40] 孙文娟，等. 红外光谱分析淮南煤灰中矿物组成 [J]. 应用化工，2005，34 (10)：

644-646.

［41］曾荣树，等. 贵州六盘水地区水城矿区晚二叠世煤的煤质特征及其控制因素［J］. 岩石学报，1998，14（4）：549-558.

［42］袁月琴，等. 贵州省六枝新华煤矿区上二叠统含煤岩系及煤质特征［J］. 贵州地质. 2007，24（2）：110-113.

［43］赵谋. 古叙矿区优质无烟煤综合利用研究［J］. 煤质技术，2006，（3）：28-30.

［44］周义平，等. 滇东黔西晚二叠世煤系中火山灰蚀变黏土岩的元素地球化学特征［J］. 沉积学报，1994，12（4）：123-132.

［45］周义平. 中国西南龙潭早期碱性火山灰蚀变的 TONSTEINS［J］. 煤田地质与勘探，1999，27（4）：5-9.

［46］张鹏飞. 含煤岩系沉积学研究的几点思考［J］. 沉积学报，2003，21（1）：125-128.

［47］饶竹，等. 中高含硫量煤中硫的形态分析［J］. 岩矿测试，2001，20（3）：183-186.

［48］蔡宝森，刘章现. 平顶山市煤炭资源开发利用现状与发展对策现究［J］. 中国资源综合利用，2001（12）：33-35.

［49］曹代勇，赵峰华. 重视我国优质煤炭资源特性的研究［J］. 中国矿业，2003，12（10）：21-23.

［50］曹代勇. 加强煤炭资源地质科学研究确保国家能源安全［J］. 中国矿业，2004，13（11）：5-7.

［51］范立民，等. 可持续发展与陕北煤炭资源开发［J］. 陕西煤炭，2003（3）：10-13.

［52］范立民. 论陕北煤炭资源适度开发问题［J］. 中国煤田地质，2004，16（2）：1-3.

［53］田山岗. 煤炭工业的可持续发展与不可持续发展［J］. 中国煤田地质，2003，15（5）：1-5.

［54］田山岗. 煤炭工业可持续发展下的不可持续增长［J］. 煤炭经济研究，2003（8）：6-12.

［55］张学敏. 盘江矿区煤炭资源及其利用途径［J］. 煤炭科学技术，2005，33（8）：66-68.

［56］张学敏，等. 中国西南区和盘江炼焦煤资源与生产［J］. 洁净煤技术，2003，9（1）：51-54.

［57］赵阳，陈建庚. 贵州纳雍县煤炭资源及其开发［J］. 贵州地质，2001，18（4）：271-275.

[58] 毛节华. 关于煤炭资源分类分级问题 [J]. 中国煤田地质，1996，8 (3)：2-8.

[59] 晋其勇. 六盘水煤炭资源比较优势分析 [J]. 六盘水师范高等专科学校学报，2005，17 (1)：236-239.

[60] 唐兴文. 毕节地区煤炭资源潜力综合分析 [J]. 贵州地质，2003，20 (2)：88-91.

[61] 赵震海，况顺达. 关于贵州煤炭资源开发的思考 [J]. 中国矿业，2006，15 (3)：23-25.

[62] 刘焕杰，等. 我国含煤沉积学若干问题及展望 [J]. 沉积学报，2003，21 (1)：129-132.

[63] 彭格林，等. 华北地台西缘晚石炭世-早二叠世早期海水进退及其与聚煤作用的关系 [J]. 古地理学报，1999，1 (2)：18-27.

[64] 唐跃刚，等. 四川晚二叠世煤中硫与成煤环境的关系 [J]. 沉积学报，1996，14 (4)：161-157.

[65] 温建宝. 煤岩分析在大武口选煤厂配煤中的作用 [J]. 选煤技术，2003，(3)：28.

[66] 张韬，等. 中国主要聚煤期沉积环境与聚煤规律 [M]. 北京：地质出版社，1995.

[67] 王小川，等. 黔西川南滇东晚二叠世含煤地层沉积环境与聚煤规律 [M]. 重庆：重庆大学出版社，1996.

[68] 田景春，陈洪德，覃建雄，等. 层序-岩相古地理图及其编制 [J]. 地球科学与环境学报，2004，26 (1)：6-12.

[69] 卢衍豪，等. 中国寒武纪岩相古地理轮廓勘探 [J]. 地质学报，1965，45 (4)：349-357.

[70] 王鸿祯. 中国古地理图集 [M]. 北京：地图出版社，1905.

[71] 刘宝珺. 中国南方岩相古地理图集 [M]. 北京：科学出版社，1994.

[72] 李文汉. 层序地层学基础和关键定义 [J]. 岩相古地理，1989，44 (6)：26-32.

[73] 陈世悦，刘焕杰. 华北石炭-二叠纪层序地层学研究的特点 [J]. 岩相古理，1994，14 (5)：11-20.

[74] 陈世悦. 华北石炭-二叠纪层序地层格架及其特征 [J]. 沉积学报，1999，17 (1)：131-138.

[75] 邓宏文，王洪亮，祝永军. 高分辨率层序地层学—原理及应用 [M]. 北京：地质出版社，2002：1-56.

[76] 邓宏文，王洪亮，李小孟. 高分辨率层序地层对比在河流相中的应用 [J]. 石油与天然气地质，1997，18 (2)：90-114.

[77] 邓宏文，王洪亮，李熙哲. 层序地层地层基准面的识别、对比技术及应用 [J]. 石油与天然气地质，1996，17 (3)：177-184.

[78] 郑荣才，文华国，梁西文. 鄂尔多斯盆地上古生界高分辨率层序地层分析 [J]. 矿物岩石学报，2002，22 (4)：66-74.

[79] 孙致学，凌庆珍，邓虎成，等. 高分辨率层序地层学在油田深度开发中的应用 [J]. 石油学报，2008，29 (2)：239-245.

[80] 徐安娜，郑红菊，董月霞，等. 南堡凹陷东营组层序地层格架及沉积相预测 [J]. 石油，2005，73 (3) 34-46.

[81] AITKEN，J F，FLINT，S S. The application of high resolution sequence stratigraphy to fluvial systems：a case study from the Upper Carboniferous Breathitt Group，eastern Kentucky，USA. Sedimentology，1995，8 (42)：3-30.

[82] AITKEN，J F Coal in a sequence stratigraphic framework. Geoscientist，1994，4 (5)：9-12.

[83] BOHACS K，SUTER J. Sequence stratigraphic distribution of coaly rocks：Fundamental controls and paralic examples. American Association of Petroleum Geologists Bulletin，1997，6 (8)：1612-1639.

[84] CECIL B. Paleoclimate controls on stratigraphic repetition of chemical and siliciclastic rocks，Geology，1990，18 (8)：533-536.

[85] DAVIES R，DIESSEL C，HOWELL J. et al. Vertical and lateral variation in the petrography of the Upper Cretaceous Sunnyside coal of eastern Utah，USA - Implications for the recognition of high - resolution accommodation changes in paralic coal seams. International Journal of Coal Geology，2005，61 (1-2)：13-33.

[86] DIESSEL，C F K. Coal-bearing depositional systems. New York：Springer-verlag. 1992，7 (5)：721.

[87] DIESSEL，C F K，BOYD，R，WADSDWORTH，J，et al. On balanced and unbalanced accommodation/peat accumulation ratios in the Cretaceous coals from Gates Formation，

Western Canada, and their sequence－stratigraphic significance. International Journal of Coal Geology, 2000, 4 (3): 143-186.

[88] FLINT S S, AITKEN, J F, HAMPSON G. Application of sequence stratigraphy to coal-bearing coastal plain successions: implications for the UK coal measures. In: Whateley, M. K. G. & Spears, D. A. (eds) European Coal Geology. Geological Society London, Special Publication, 1995, 82, 1-16.

[89] GIBLING, M R, BIRD D G. Late carboniferous cyclothems and alluvial paleovalleys in Sydney basin, Nova Scotia. Geological Society of America Bulletin, 1994, 106: 105-117.

[90] Ranganai, R. T., Whaler, K. A., & Ebinger, C. J. . "Aeromagnetic interpretation in the south－central zimbabwe craton: (reappraisal of) crustal structure and tectonic implications". International Journal of Earth Sciences, 2016, 105 (8): 2175-2201.

[91] HAMILTON D S, TADROS N Z. Utility of coal seams as genetic stratigraphic sequence boundaries in nonmarine basins: an example from the Gunnedah basin, Australia. American Association of Petroleum Geologists Bulletin, 1994: 78, 267-286.

[92] HECKEL P H. Glacial－eustatic base－level—climatic model for late Middle to Late Pennsylvanian coal－bed fromation in the Appalachian basin. Journal of Sedimentary Research, 1995, 65 (3): 348-356.

[93] HOLZ M, KALKREUTH W, BANERJEE I. Sequence stratigraphy of paralic coal-bearing strata: an overview. International Journal of Coal Geology, 2002, 48, 147-179.

[94] HORNE J C, FERM J C, CARUCCIO F T, et al. Depositional models in coal exploration and mine planning in Appalachian region. Bulletin of the American Association of Petroleum Geologists, 1978 (62): 2379-2411.

[95] IZART A, SACHSENHOFER R F, Privalov V A, et al, Stratigraphic distribution of macerals and biomarkers in the Donets Basin: Implications for paleoecology, paleoclimatology and eustacy. International Journal of Coal Geology, 2006, 66 (12): 69-107.

[96] LARGE D J, JONES T F, BRIGGS J, et al. Orbital tuning and correlation of 1. 7 my of

continuous carbon storage in an early Miocene peatland. Geology, 2004, 32 (10): 873-876.

[97] LARGE D J, JONES T F, SOMERFIELD C, et al. High-resolution terrestrial record of orbital climate forcing in coal. Geology, 2003, 31 (4): 303-306.

[98] MARSHALL T R, HECKEL P H. Sequence stratigraphy and cyclothem correlation of lower Cherokee Group (Middle Pennsylvanian), Oklahoma to Iowa. Geological Society of America Abstracts with Programs, 2006, 38 (1): 4.

[99] MCCABE P J. Depositional models of coal and coal-bearing strata. In: Rahamani, R. A. & Flores, R. M. (eds) Sedimentology of coal and coal-bearing sequences. International Association of Sedimentologists, Special Publication, 1984, 7, 13-42.

[100] MCELWAIN J C, WADE-Murphy J, HESSELBO S P. Changes in carbon dioxide during an oceanic anoxic event linked to intrusion into Gondwana coals. Nature, 2005, 435 (7041): 479-82.

[101] MITCHUM R M, VAN WAGONER J C. High-frequency sequences and their stacking patterns: sequence stratigraphic evidence of high-frequency eustatic cycles. Sediemntary Geology, 1991, 70: 131-160.

[102] PETERSEN H I, ROSENBERG P, ANDSBJERG J. Organic Geochemistry in Relation to the Depositional Environments of Middle Jurassic Coal Seams, Danish Central Graben, and Implications for Hydrocarbon Generative Potential. American Association of Petroleum Geologists Bulletin Bulletin, 1996, 80 (1): 47-62.

[103] PLINT A G, NUMMEDAL. D, The falling stage systems tract: Recognition and importance in sequence stratigraphic analysis, in D. R. Hunt, and R. L. Gawthorpe, eds., Sedimentary responses to forced regression: Geological Society (London) Special Publication, 2000, 172: 1-17.

[104] RYER T A. Transgressive-regressive cycles and the occurrence of coal in some Upper Cretaceous strata of Utah, U. S. A. In: Rahmani, R. A. & Flores, R. M. (eds) Sedimentology of coal and coal-bearing sequences. International Association of

Sedimentologists, Special Publication, 7, Blackwell Scientific Publications, Oxford, 1984: 217-227.

[105] Shao LY, TIM, J, R G, et al. Petrology and geochemistry of the high-sulphur coals from the Upper Permian carbonate coal measures in the Heshan Coalfield, southern China. International Journal of Coal Geology, 2003, 55 (5): 1-26.

[106] SHAO LY, ZHANG PF, GAYER R A, et al. Coal in a carbonate sequence stratigraphic framework: the Late Permian Heshan Formation in central Guangxi, southern China. Journal of Geological Society, London, 2003, 160 (1): 285-298.

[107] SURLYK F, ARNDORFF L, HAMANN N E, et al. High-resolution sequence stratigraphy of a Hettangian - Sinemurian paralic succession, Boreholm, Denmark. Sedimentology, 1995, 42, (3): 323-354.

[108] TURNER B R, Richardson D. Geological controls on the sulphur content of coal seams in the Northumberland Coalfield. Northeast England. International Journal of Coal Geology, 2004, 60 (2-4): 169-196.

[109] VAN WAGONER, J C, MITCHUM, R M, CAMPION K M, et al. Siliciclastic sequence stratigraphy in well logs, cores and outcrops: concepts for high-resolution correlation of time and facies. AAPG Methods in Exploration Series, 1990, 7 (4): 55.

[110] WADSWORTH J, BOYD R, DIESSEL C, et al. Stratigraphic style of coal and non-marine strata in a high accommodation setting: Falher Member and Gates Formation (Lower Cretaceous), western Canada. Bulletin of Canadian Petroleum Geology, 2003, 51 (3): 275-303.

[111] WRIGHT V P. Paleosols: their Recognition and Interpretation. Blackwell Scientific, Oxford, 1986, 16 (2): 315.

[112] 王二七，尹纪云. 川西南新生代构造作用以及四川原型盆地的破坏 [J]. 西北大学学报（自然科学版），2009，39（31）：118-133.

[113] ZHAO X X, COE, R. S. Paleomagnetic constraints on thecollision and rotation of north and south China [J]. Nature, 1987, 327 (1): 141-144.

[114] YANG Z, BESSE J. NewMesozoic apparentpolarwander path for South China: tectonic implications [J]. Geo-physRes, 2001, 106 (1): 8493-8520.

[115] 孙雨. 河流三角洲体系高分辨率层序地层及岩性类油藏成藏规律研究——以两井东—木头南地区扶余油层为例 [J]. 黑龙江: 东北石油大学, 2010, 43 (2): 23-45.

[116] 邵龙义, 张鹏飞, 何志平, 等. 中国煤和含煤岩系沉积学研究进展和展望 [C]. 第三届全国沉积学大会论文摘要汇编, 2004, 23 (12) 19-23.

[117] 邵龙义, 鲁静, 汪浩, 等. 近海型含煤岩系沉积学及层序地层学研究进展. 古地理学报, 2008, 10 (16): 561-570.

[118] 顾家裕, 范土芝. 层序地层学回顾与展望 [J]. 海相油气地质, 2001, 6 (4): 15-25.

[119] 邵龙义, 鲁静, 汪浩, 等. 中国含煤岩系层序地层学研究进展 [J]. 沉积学报, 2009, 27 (5): 904-914.

后　记

本专著是在依托贵州省地勘基金项目以及笔者主持的贵州地矿局地质科研资助项目《黔西北龙潭组高分辨率层序地层方法研究》（2009409）课题的基础上完成的。在完成本书的过程中遇到了很多的困难，特别是收集资料，从国家地调局地质资料馆到贵州省国土资源厅地质资料馆，收集资料的时间跨度大，上从二十世纪五十年代到2013年的最新勘探资料，基本资料数据巨大。有些资料基本内容是重复的，有的资料还有矛盾。资料的第一阶段的甄别筛选工作量非常大。同时也咨询了中国地质大学黄文辉教授。而且在甄别筛选资料的思路上给了很好的方向性指导。已有的资料还需要到新勘探地进行实地钻孔、岩芯岩性的求证。这个野外工作量很大。

一点一滴、一步一步，两年多的时间就是从野外到室内，再从室内到野外的求证过程。辛苦不言而喻，但在辛苦的过程中有了新的发现是兴奋的，也许这就是搞科研的乐趣所在吧。

笔者在黔西北做地质课题的两年时间里，中国地质大学的老师也给予了地质思维的很多启示。在参加地质高端学术会议的过程中，地学大师们的理性思维也为本书的写作提供了很多思路，在此向他们表示感谢。

两年多的集中科研终没白费，这本书即将面世，更值得欣慰的是，本书提出的“旋转旋回沉积”理论在新一轮的南方重点区域煤层气评价中使用了，并取得了较好的勘探效果。下一步可在此研究的基础上继续进行二叠统煤层气的研究。(二叠统与二叠世通用)